대기업
퇴사하고
농사를
짓습니다

영농창업을 꿈꾸는 이들에게

책을 쓰면서 저의 이야기지만 글로 풀어나가는 것이 무척 힘든 일임을 깨달았습니다. 그동안 많은 곳에서 교육과 컨설팅을 진행하고 다양한 지원을 받으면서 여러 사람을 만났습니다. 때로는 예비 영농창업자들이 가지고 있는 생각과 현실의 괴리에서 가슴 아파하기도 하고, 엄청난 열정을 지닌 청년들을 보면서 제가 더 가슴 뛰기도 하였습니다. 이런 일은 비단 제가 만났던 사람들에게 한정된 것이 아닌 모든 예비 영농창업자들에게 해당된다고 생각합니다. 그래서 영농창업을 준비하며 생길 수 있는 다양한 일과 더불어 저의 이야기를 예비 영농창업자 및 예비 귀농인과 공유하고 싶다는 생각으로 그간 있었던 일을 적어 보았습니다. 농업에 종사하기를 희망하는 모든 사람이 더 다양한 방법으로 현실적인 문제를 해결하고 농촌에 활력을 불어넣는 계기가 되기를 바라는 마음입니다.

이번에 책을 쓰며 돌아보니 하고 싶은 일을 하며 살고 싶다는 열망 하나로 퇴사를 한 지 벌써 5년이라는 시간이 흘렀습니다. 포천딸기힐링팜이라는 농장이 만들어진 지 많은 시간이 지나지는 않았지만, 짧은 시간 동안 농장을 거쳐간 모든 재배사와 실습생에게 진심으로 감사하다는 말을 전하고 싶습니다. 회사원이던 제가 가슴이 뛰는 일인 농업을 주저하지 않고 선택하며 남몰래 울 정도로 힘든 시간도 많았습니다. 하지만 열정으로 가득 찬 유능한 청년들 덕분에 쉬지 않고 웃으며 행복했고 지치지 않고 여기까지 올 수 있었다고 생각합니다. 오로지 영농창업 하나만을 목표로 타지에서 생활하며 열정으로 무장한 그들을 진심으로 존경하며 대한민국 농업의 기둥이 되어 주었으면 좋겠습니다.

창업을 결심했을 때부터 지금까지 늘 곁에서 응원해 준 가족, 그리고 사랑하는 아들 준우에게도 고마움을 전하고 싶습니다. 준우는 농업을 하는 아빠와 농부라는 직업을 세상 누구보다 자랑스럽게 생각해 주어 인생에서 가장 큰 힘이 되는 존재입니다.

혹여나 제가 기술한 내용이 반드시 정답이 아닐 수도 있고 전문 농업인이나 경영인이 보기에 부족함이 있을 수도 있습니다. 하지만 농업에 진심인 한 청년의 이야기로 이해하고 받아들여 주신다면 정말 감사드리겠습니다. 제 작은 이야기가 모든 농업인과 예비 창업자들에게 조금이라도 도움이 된다면 정말 큰 보람이 될 것입니다.

안해성

prologue

　처음에는 그저 스마트팜이란 시스템이 대단해 보여 농장을 짓겠다고 무턱대고 농업에 뛰어들었습니다. 하지만 직접 일을 해보면서 스마트팜이라는 한정된 분야가 아닌, 농업이라는 분야 자체의 매력을 느끼게 되었습니다. 특히 1차 생산에만 머무르는 것이 아니라 아이디어에 따라 2차, 3차까지 범위가 무궁무진하게 확장될 수 있다는 것에 큰 감명을 받았습니다. 또한 농업의 아이디어에는 한계가 없고, 더 많은 사람들이 농업에 뛰어들면서 더욱 다채로운 아이디어가 생겨나고, 농촌에 기회가 많아질 것도 확신하게 되었습니다. 당연히 마냥 장밋빛 미래만 본 것은 아니었습니다. 정부가 홍보하는 청년창업형 후계농 제도는 현실과 너무나도 달랐고 전 세계적인 원자재 및 부동산 가격 상승으로 인해 시작하기도 전에 큰 벽에 가로막히기도 했습니다. 이로 인해 좌절감을 느끼기도 했지만, 농업의 매력을 알았고 그 역경을 넘었을 때 더욱 단단해지리라 생각합니다. 포기하지 않고 정진해 나간다면 이 또한 지나가는 과정 중의 하나가 될 것입니다.

저는 농업에 대해 아는 것이 없었기에 더 발로 뛰며 몸으로 느끼고 싶었습니다. 물론 아직도 한없이 작고 부족하며 배워야 할 것도 많지만 포천딸기힐링팜에서 만난 모든 식구, 농장 방문을 하며 만났던 대표님들 덕분에 짧은 시간 동안 많이 성장할 수 있었습니다. 전국에 많은 농장주분들을 만났지만 그 어느 분도 싫은 내색 한번 하지 않으시고 아낌없이 고견을 주신 것에 대해 감사의 말씀을 올리고 싶습니다. 그중에서도 김해 문성준 이사님과 박정욱 대표님, 전주 조상호 대표님, 남원 김영애 대표님, 구례 정현우 대표님, 구례 육묘장 최근범 대표님, 영광의 박민호 대표님과 정원주 대표님, 완주 김광일 대표님, 금산 이성희 대표님께 농업에 대한 인사이트를 키워주시고 더 많은 것을 보여주신 것에 대해 진심으로 감사드립니다.

길지 않은 시간 동안 농업을 준비하며 느꼈던 것들이 혹시나 저의 편협한 생각은 아닐까, 이런 경험으로 농업의 전부를 판단하시지는 않을까 걱정했습니다. 더 나은 방향이 있을 수도 있고 그것이 정답 또한 아니겠지만 평범한 사람이 농업을 준비하는 과정에서 느낀 아주 작은 의견이라고 생각해 주시면 감사하겠습니다. 농업을 준비하는 분들에게 작은 도움이라도 되었으면 하는 바람입니다.

이종혁

contents

contents

PART1

스마트팜에
빠져들기까지

귀농 전 나의 삶

↓ 나를 성장시킨 도전과 승부욕

'도전', 내 삶과 나를 가장 잘 표현한 단어라고 생각한다. 낯선 것을 접하며 새로운 것에 도전하는 것이 누가 시키지 않아도 즐거움으로 다가왔기 때문에 도전하는 것 자체가 나에게는 행복이었다. 공부에는 큰 관심을 두지 않았지만 관심 있는 분야에 한번 빠져들면 무아지경의 몰입 상태로 빠져들었다. 그리고 자존심도 강해 남들에게 지는 것을 죽기보다 싫어했는데, 이러한 성격이 지금의 나를 만들었다고 생각한다.

나는 농업 전공자가 아니다. 자연과학 분야인 지질학을 전공했는데 사실 엄밀히 말하면 농업토목, 지하수, 수질, 토양, 환경과 같은 과목을 배웠으니 어느 정도 관련이 있다고 볼 수 있다.

대학 시절을 돌이켜 보면 다시 생각해도 평범한 학생은 아니었던 것 같다. 돈을 벌고 싶다는 일념 하나로 미국에서 유명 의류 브랜드의 제품을 직접 수입하여 판매하기도 하고, 매일 새벽 동대문으로 달려가 옷을 도매로 구매하여 인터넷에서 판매하기도 했었다. 15년 전 학생 신분으로 학교에 다니며 직장인 수준의 월급을 벌었기에 내 기준에서 나의 첫 번째 창업은 성공적이었다고 평가한다. 그러나 구매부터 고객 관리, 배송, 상품 관리, 재고 관리까지 혼자 모든 일을 처리했기 때문에 시간 관리가 버거웠던 기억이 난다. 무리하게 벌였던 일은 당연히 학업에 지장이 가게 되고 소기의 성과를 올렸던 나의 첫 번째 창업은 그렇게 끝나버렸다.

물론 그렇다고 그 이후에 공부만 했던 것은 아니었다. 학교를 졸업할 때 평균 학점이 2점대 중반이었기 때문이다. 그래서 졸업 당시 처절했던 학점을 보고 서울대 대학원에 입학할 수 있었던 인생의 첫 번째 전환점을 맞이하게 된다. 미래에 대한 준비보다 대학 생활의 즐거움에 더 큰 비중을 두었던 나의 방향성은 4학년이 되자 크게 흔들리기 시작했다. 주변 친구들은 이미 오래전부터 차근차근 단계를 밟아나가며 준비를 해왔고 4학년이 되자 더욱 절실하게 준비하는 모습을 보였다. 취업 준비, 자격증 준비, 대학원 준비 등 간절하지 않은 사람이 없었는데 친구들의 모습을 보자 문득 내 삶을 돌아보게 되었다. 그렇지만 돌이키기에는 늦었기에 후회하는 것보다 할 일을 하나씩 해나가자고 결심하였다.

미래를 위해 준비하자고 마음을 먹었지만, 그에 대한 방향성이 제대로 세워지지 않았다면 오히려 더 시간을 낭비할 것이라 판단되어 나를 돌아보고 파악하는 시간을 가지고자 했다. 그렇지만 갑자기 길을 찾는다고 하여 마땅한 방도가 떠오르지는 않았다. 시선을 돌려 주변을 보니 생각보다 많은 사람들이 취업이 아닌 대학원을 선택하는 경우가 많았다. 당시 지질학이라는 전공은 흥미가 있어 좋아했지만 제대로 공부를 해보지 못한 미련과 아쉬움에 나 또한 대학원이라는 선택지에 눈길이 가기 시작했다. 그러나 2점대의 학점으로는 어디에도 지원조차 할 수 없다는 현실을 깨달았다.

포기하고 취업을 하거나 다른 길을 선택하는 것이 현실적이라 생각할 수 있지만 높은 자신감을 가졌던 나는 해보지도 않고 지레 겁먹는 것 자체가 자존심이 상한다고 생각했다. 따라서 남들과 차별화를 하기 위해 전략을 세우기 시작했다. 먼저 지원자를 분석했는데 당시 대학원의 지원자는 대부분 비슷한 학점과 영어 점수를 가지고 있었다. 근소한 차이의 학점과 영어 점수를 극복하기 위해서는 확실한 전문성을 가져야 한다고 판단했고, 결국 기사 자격증을 취득해야 한다는 결론으로 이어졌다. 단순히 이를 보완하는 것이 아닌 상황을 한꺼번에 뒤집기 위해선 쌍기사로 증명을 하고 싶었다. 학과 공부를 제대로 해보지 않았던 상황이지만 가능하겠냐는 생각조차 할 시간이 없었다. 내가 성공할 거라는 잡념도 사치였고 떨어지는 것 또한 예상하는 바가 아니었기에 우직하게 공부를 시작했다. 남들과 달라야 한다는 자존심과 늦었다는 감정의 조바심이 몰입할 수 있는 상태를 만들어주었고 결국 학과에서 가장 먼저 기사자격증을 취득하는 목표를 이룰 수 있었다.

막상 자격증을 따고 전문성을 쌓으니 다니던 학교의 대학원이 아닌 더 높은 곳이 눈에 들어왔다. 낮은 학점으로는 터무니없다는 것을 알지만, 최고가 아니면 의미가 없다는 생각에 서울대를 바라보기 시작했다. 그러나 가장 가까운 가족부터 친구들, 지인 모두 다가갈 수 없는 목표보다는 현실적으로 다른 길을 찾는 것을 권했다. 무작정 안 된다고 핀잔을 주는 친구부터 세세하게 설명해 주며 하루 빨리 취업을 권하는 친구까지 하나같이 다 포기하라고 말할 뿐이었다. 말 한 마디 한 마디가 가슴에 박혔지만, 워낙에 자존심이 강한 성격이었던 터라 더 증명하고 싶은 마음이 강해졌다. 원래는 대학원 자체가 목표였지만 서울대 대학원으로 방향을 바꾸고 서울로 향했다.

그러나 현실은 내가 생각했던 것과 달랐다. 입학 조건은 까다로웠고 원하는 교수님의 연구 자료나 논문 같은 것도 도저히 이해하기 힘든 수준이었다. 숨이 턱 막힐 정도로 어려웠지만 오히려 배울 것이 많다는 것에 감사하며 이해가 될 때까지 읽고 또 읽었다. 아무리 공부해도 이해가 되지 않으면 직접 교수님께 찾아가 물어볼 정도로 수단과 방법을 가리지 않았다. 자격 조건 또한 영어가 취약한 나에게 서울대 텝스는 높은 벽으로 다가왔지만, 이 역시 아무 생각하지 않고 외우고 또 외웠다. 1년간의 치열했던 준비 끝에 당당하게 서울대 합격증을 거머쥘 수 있었고 해보지도 않고 지레 겁먹던 사람들 앞에 당당히 나설 수 있어 행복했다. 전공 공부와 더불어 좋아하지 않는 영어 공부를 병행하는 과정이 숨이 막힌다고 생각할 수 있지만 도전하는 과정 자체가 즐거웠기에 버틸 수 있었다. 이를 통해 오르지 못할 산은 없으며 인생을 대하는 태도에 따라 목표의 크기와 성취의 정도가 결정된다는 것을 알게 되었다. 이때의 경험이 도전하는 과정과 그에 따른 좋은 결실을 맺었을 때, 가장 큰 행복을 맛보게 해 주며 삶의 큰 자양분인 동시에 인생을 크게 바꾸어 놓은 터닝포인트가 된다는 것을 깨달았다.

∨ 치열했던 대학원 시절

고등학교 시절 모두가 대학에 들어가기를 바라지만 대학에 들어가도 끝이 아니듯 대학원 생활도 마찬가지였다. 더군다나 서울대였기에 그 생활은 더욱 만만치 않았다. 배우는 내용 자체가 학부와 비교했을 때 깊이가 달라 힘든 상황 속에서 모든 수업이 영어로 진행되다 보니 정신을 차릴 수가 없었다. 심지어 수업뿐만 아니라 중간고사 및 기말고사와 더불어 중간의 퀴즈까지도 영어를 사용해야 했다. 서울대 대학원 입학을 위한 텝스 공부를 제외하고는 대한민국 정규 교육 외에 영어를 배워본 적이 없는 나에게는 이러한 상황이 엄청난 벽으로 다가왔다. 혹시 이런 좌절감을 나 혼자만 느끼고 있는 것인지 주위를 둘러보았는데 동기들은 아무런 어려움을 느끼지 못하는 것처럼 정규 과정에 충실히 임하고 있었다. 이를 보니 오히려 좌절감은 승부욕으로 바뀌었고, 단순히 과정을 따라가며 시간에 허덕이는 것이 아닌 최고가 되고야 말겠다는 마음을 먹었다.

당시 진행하던 연구과제는 2021년 전 세계적으로 가장 큰 이슈가 되었던 탄소중립을 실현할 수 있는 핵심 기술로 떠오르는 이산화탄소를 포집하고 저장하는 기술인 CCS에 관한 것이었다. 간단하게 설명하자면 CCS는 화석연료 사용으로 인한 발전소, 철강, 시멘트 공장 등의 이산화탄소 대량 배출원에서 이산화탄소를 대기로부터 격리하는 기술을 말한다. 연구를 진행할 당시에는 지금처럼 ESG가 활성화되어 있던 시기가 아니다 보니 개념도 생소하고 연구도 빠르게 진행되지 않았지만 당시 나에게는 큰 문제가 되지 않았다. 선행 연구에 관한 논문을 단 하나도 빠지지 않고 찾아보았고 조금이라도 관련이 있으면 닥치는 대로 인쇄해서 읽어 나갔다. 부족한 내가 남들과 똑같이 한다면 나는 남들 이하로 남을 것이 뻔했기에 남들은 필요하지 않다고 생각했던 것까지 하려고 했던 것 같다. 어쨌든 이러한 노력으로 영어 논문을 많이 읽다 보니 자연스레 영어 실력뿐만 아니라 전공 지식 또한 일취월장하는 것을 스스로 체감할 수 있었다. 결국 본 과제를 통해 대한지질공학회 국내 최우수 논문상을 수상할 수 있었고 지질학회에서 가장 명망 높은 미국 AGU(American Geophysical Union)에서 포스터 논문 발표를 할 기회를 얻기도 했다. 또한,

광물자원공사에서 직원들이 꼭 읽어야 할 필독 논문에도 선정되어 목표했던 성과를 초과 달성해 굉장히 뿌듯하고 보람찼던 기억이 난다. 이때 진행했던 연구에서 떠오른 아이디어 덕분에 영농 창업 이후 진행한 환경부 공모전에서 탄소중립을 농업과 관련지어 장관상을 받을 수 있었다.

학교에 다니며 조그마한 일 하나도 쉬운 것이 없었기에 더욱 동기부여가 되었다고 생각한다. 큰 산을 넘어보고자 하는 도전에 대한 열망과 경쟁자에게 지지 않겠다는 승부욕이 항상 끓어올랐다. 재학 당시를 생각해 보면 치열하게 살았던 나의 청춘의 한 페이지라는 생각에 아직도 벅차오르는 감정이 느껴지기도 한다.

∀ 대기업 입사와 퇴사

아직도 생생하다. 대학원 졸업 이후에도 많은 일이 있었는데 국내 굴지 대기업인 H그룹 연구원 최종 합격 통보를 받았을 때의 기분은 평생 잊지 못할 것이다. 입사 동기 중에서도 나이가 많은 편에 속해 대단한 일이냐고 평가할 수도 있다. 그렇지만 나는 진정으로 하고 싶은 일을 찾았고 도저히 달성하지 못할 것처럼 힘들어 보였지만 내 힘으로 스스로 쟁취했기 때문에 인생에서 가장 행복한 순간의 한 장면으로 꼽을 수 있다.

입사 후에는 남부럽지 않은 삶을 살았다. 일에 대한 만족도, 자부심, 급여, 복지 등 어느 하나 부족한 것이 없었기 때문이다.

특히 하는 일에 대한 자부심이 높아 많은 특허와 성과를 내어 사내에서도 표창을 받을 정도로 열심히 일했었다. 그러나 입사 당시 내비쳤던 포부와는 다르게 점점 주어진 일만 처리하는 삶에 익숙해지기 시작했다. 수동적인 삶에 적응하는 동시에 아무리 일을 열심히 해도 회사에서 정해진 나의 한계를 마주하며 느낀 무력감이 이에 일조를 한 것이다. 이는 당연히 일을 대하는 마음가짐과 업무 수행에도 영향을 끼쳤다. 연구실에서 몰래 스포츠를 시청하고, 사내 헬스장에서 낮잠을 자는 등 일에 대한 진정성을 잃어가기 시작했다. 그렇게 나는 스스로 비생산적인 사람이 되었다는 것과 하루하루를 의미 없이 살아가는 것에 대해 무력감을 느꼈다. 그렇다고 회사 생활이 맞지 않거나 불행했다는 것은 아니다. 여전히 열심히 일했고 최고의 성과를 냈다고 자부한다. 단지 지금 하는 일을 평생 만족감을 느끼며 할 수 있냐고 물었을 때 그렇다는 대답이 선뜻 나오지 않았기에 오래 고민하지 않았던 것 같다. 끌려가는 대로 사는 것이 아닌, 내가 이끄는 대로 방향이 결정되는 삶을 살기 위해 곧장 사직서를 꺼내 들었다. 틀렸다는 것이 아니라 삶의 지향점 자체가 주어진 일을 막연히 해나가는 것보다, 스스로 일을 찾아 나서며 개척하고 도전하는 것이라 여겼기 때문에 방향이 다르다고 생각했다. 결국 이런 생각의 끝이 닿은 곳은 창업이었다. 새로운 분야에서 기획하고 도전하며 실행을 해나가며 성과를 창출했을 때의 성취감을 알기에 창업만큼 도전하기 적합한 분야는 없다고 생각했다. 또한, 창업의 성패는 오로지 내 역량에 따라서 결정되고 성과도 그에 따라 증명되기 때문에 더 큰 매력을 느꼈다. 그래서 나를 둘러싼 안정적인 울타리를 깨고 나오는 것을 크게 망설이지 않았던 것 같다. 그렇다고 고민에 빠지지 않았다는 것이지 절대 망설이지 않았다는 것은 아니다. 그동안 노력하며 살아온 증거가 어느 정도는 내 직장과 성과로 나타난다고 생각하기 때문이다. 그러나 평소에 롤모델로 여기던 스티브 잡스는 그동안 찍었던 삶의 발자국은 점이 아니라 길게 보면 선이라는 말을 했었다. 결국 내가 했던 점과 같은 노력은 선으로 이어져 내 인생을 그릴 것을 알았기 때문에 후련하게 모든 것을 내려놓을 수 있었다.

농사를 창업으로 접근하자

∀ 왜 하필 농업인가?

많고 많은 분야 중에 왜 농업을 선택했느냐고 묻는 사람이 정말 많았다. 이유는 간단하다. 농업에서 무궁무진한 미래를 보았기 때문이다. 투자의 신으로 추앙받는 짐 로저스는 한 매체와의 인터뷰에서 람보르기니를 몰고 싶으면 농대로 가라고 말할 정도로 농업의 비전을 높게 평가했다. 물론 전 세계적으로 유명한 여러 사람의 시각도 있지만, 실제 유망 산업으로도 농업은 항상 빠지지 않고 차세대 가장 떠오르는 산업 중 하나로 꼽히고 있다. 물론 이런 거시적인 시각도 있지만, 이 사업을 선택하는 데 가장 큰 영향을 미친 것은 농업에 종사하는 부모님을 보고 자라며 그 가능성을 가장 가까이서 봐왔기 때문이다.

20년 전, 자동차 정비소를 운영하던 아버지가 귀농을 했고 친동생 또한 이어서 귀농을 했다. 집안 대대로 농업인이었던 것도 아니었고 누구의 도움을 받았던 것도 아니었다. 당시 아버지는 농지를 임대하여 단동 하우스 10동을 맨몸으로 무작정 뛰어들었다. 과거에는 지금처럼 영농 교육이나 지원사업과 같은 제도가 활성화되어 있지 않았는데 아버지가 어떠한 도움도, 교육도 없이 혈혈단신으로 큰 성과를 내는 모습을 지켜보며 농업의 가능성에 눈을 뜨기 시작했던 것 같다. 뒤이어 귀농한 친동생 또한 보조사업 하나 받지 않고 성공하는 것을 보며 작은 가능성은 확신으로 바뀌었다. 작은 단동 하우스 10동으로 시작했던 농장은 현재 토지 약 2만 평에, 단동 하우스 150동의 대농으로 성장했으며 연 8억 이상의 매출을 올리고 있다.

그래서 창업을 결심하고 농업에 종사하겠다고 선언했을 때 주변에서는 아버지와 동생이 기르고 있는 작물로 시작하라고 조언을 해 주었다. 같은 작물을 선택했을 때 초기 접근성도 좋고 재배기술을 습득할 필요도 없으며 농업에 필요한 모든 농자재도 준비되어 있기에 가장 빠르게 성공할 수 있으리라 생각했기 때문이다. 당연히 농업 기반이 있는 가족의 인프라를 활용한다면 훨씬 빠르게 궤도에 오를 수 있는 것은 자명한 사실이지만 처음부터 쉬운 길을 가고자 선택했다면 퇴사를 생각하지도 않았을 것이다. 또한 가족이 가고자 하는 길과 내가 추구하는 방향이 달라서 과감하게 가족이란 선택지를 지우고 시작점에 섰다.

농사를 직접 짓지는 않았지만, 가족의 영향으로 농업 정책은 농업인 이상으로 잘 알고 있다고 생각했다. 아버지와 동생의 세금계산서 발행이나 사업계획서, 수출 사업과 같은 행정업무를 대신하며 농업 정책을 약 20년간 지켜보았기 때문이다. 오랫동안 정책이 바뀌는 것을 보고 시간이 흐를수록 지원사업의 규모가 커지면서 실질적으로 도움이 되는 정책이 많이 나오고 있어 예전부터 마음 한편으로는 농업을 생각했던 것 같다. 그런 생각을 하고 있던 와중에 우연히 한 매체에서 스마트팜을 접하게 되었다. 당시 다니던 회사의 연구소에 있었을 적 AI, 빅데이터 관련 업무를 수행하고 있었기 때문에 작물 생육 데이터를 활용하여 ICT 기술로 농장을 운영한다는 것에 관심이 갈 수밖에 없었다. 또한, 스마트팜 정밀농업이 추구하는 방향이 빅데이터의 수집과 구축 강화를 통해 최적의 재배환경을 관리할 수 있는 AI 모델을 개발하는 것이기에 전문성을 살리기에도 충분하다는 판단이 들었다. 내 역량을 극대화하고 도전 의식을 고취하고 공익적인 가치에 기여할 수 있는 분야는 결국 농업이었다.

이러한 배경으로 나는 농업을 선택했고 그 이유를 간단하게 정리하자면 다음과 같다. 첫 번째, 농업은 어떤 산업보다 정직하다. 다른 분야도 마찬가지겠지만, 특히 농업은 농업인이 작물에 쏟는 관심의 정도에 비례하여 성과가 정확하게 나타난다. '작물은 농부의 발걸음 소리를 듣고 자란다'라는 말이 재배의 첫 번째 지침이 될 정도니 이를 증명한다고 생각한다. 하지만 반대의 경우 조금이라도 소홀하다면 이 역시도 곧장 생산량과 품질로 노력에 관한 결과가 나타난다. 결국 나의 열정과 책임감을 가감 없이 보여줄 수 있는 가장 정직한 산업이라는 점에 끌리게 되었다. 두 번째, 현재 엄청난 정부 지원 정책이 쏟아져 나오고 있다. 특히 청년의 입장에서 영농창업으로 접근했을 경우 더 많은 혜택을 받을 수 있다. 청년창업과 미래성장유망사업으로 분류된 농업 분야의 영농창업이라는 키워드는 정부 지원사업을 유치하기에 굉장히 매력적인 요소이기 때문이다. 창업이 아닌 농업만 놓고 보더라도 귀농자, 귀농 예정자, 청년 농부, 농업계열 학생 등 농업에 종사하기 원하는 사람들에게도 막대한 혜택을 주고 있어 신규 진입자로서 적기라고 판단을 했다. 세 번째, 농산업 분야의 미래 전망 가능성이다. 농업은 단순히 작물 재배를 넘어 관련 산업의 규모 또한 엄청난 산업이다. 4차 산업혁명 기술의 발전이 재배 생산성을 증가시키고 있는 것은 명백한 사실이지만 관련 산업 또한 폭발적으로 성장하고 있다. 농업의 영향력과 범위, 기능이 확대되고 있는 시점에서 기회가 무궁무진하게 창출될 것이고 블루오션에서 자리를 잡는 것이 유리하다고 판단했다. 네 번째, 사업을 해나가며 실현할 수 있는 공익적 가치이다. 이미 오래전부터 저출생이 대한민국의 심각한 사회적 문제로 떠오르고 있다. 저출생으로 인해 국가와 여러 산업의 막대한 피해가 예상되지만 이전부터 큰 피해를 보고 있었던 곳은 농촌과 농업이다. 인구소멸 시대에 접어든 지금, 농촌에서 아이는 찾아볼 수 없으며 농업인 또한 꾸준히 감소하고 있다. 농업인은 다른 산업에 비해 고령층 종사자가 많기에 시간이 지날수록 감소세는 가속화될 것이다. 당연히 나라는 개인이, 이 문제에 대해 탁월한 대안을 제시하거나 해결하지는 못하겠지만, 최대한의 노력으로 조금이나마 보탬이 되고 싶다고 생각했다. 국가 기간산업의 중추인 농업이 흔들린다면 국가가 흔들릴 것이고, 이는 곧 식량안보로 이어질 수 있는 중요한 문제이기 때문에 남의 일처럼 느껴지지 않는다. 그리하여 나로 인해 청년이나 귀농인이 농업을 결심하고 귀농 인구가 늘어난다면 공익적 가치를 실현하는 데 조금이나마 도움이 되었다고 스스로 위안 삼을 수 있지 않을까 싶다.

∜ 자기객관화 및 사업설계

퇴사 전 H그룹 재직 당시, 영농창업을 결심하고 퇴사 3개월 전부터는 본격적으로 준비하기 시작했다. 가장 먼저 했던 일은 현재 나의 재무 상태를 파악하는 것이었다. 내가 가용할 수 있는 금액을 계산하고 이를 통해 할 수 있는 사업의 범위와 콘셉트를 정해야 했기 때문이다. 그렇지만 당장 자유롭게 사용 가능한 현금으로 내가 원하는 창업을 하기에는 무리가 있다고 판단해 정부 지원사업을 알아보기 시작했다. 아버지와 동생을 도와 농업 행정 업무를 약 20년간 해왔기에 농업 관련 사업은 익숙하였다. 농업 관련 기관의 사업 리스트를 뽑아 정리하며 내 조건에 맞는지를 확인해 나갔다. 하지만 신규 농업인 자격으로 받을 수 있는 농업 지원사업은 청년후계농 이외에는 해당하는 것이 없었다.

농업이라는 산업에서 창업을 하겠다고 마음먹었지만, 기본 방향이 창업이라고 생각해서 탐색의 범위를 농업 관련 부처로 한정 짓고 싶지 않았다. 그래서 창업을 희망하는 사람들이 가장 많이 도움을 얻는 중소기업벤처부, 창업진흥원의 사이트를 하나부터 열까지 뜯어보기 시작했다. 농업 지원사업이 마땅치 않아 낙담하던 차에 알게 된 K-startup이란 사이트는 가뭄의 단비 그 이상의 존재였다. 관련 지침을 확인하다 보니 중소기업벤처부의 창업 지원예산이 오히려 농림부나 지자체보다 훨씬 많았기 때문이다. 지원사업은 사업화 자금, 융자자금, 투자금, 교육자금, 인력지원자금, 바우처 사업, 기업 연계, 수출 등 셀 수 없을 정도로 종류가 다양했다. 또한, 중소기업벤처부는 나이를 가리지 않고 다양한 사업을 제공하고 있지만 39세 미만의 청년이면 받을 수 있는 사업이 말 그대로 엄청났다고 표현하고 싶다. 만약에 농업기술센터와 농정과의 문만 두드려보고 돌아섰다면 이렇게 다양한 사업이 있는 것조차 모르며 살아갔을 것이다. K-startup이란 홈페이지를 알게 된 것은 내 인생의 터닝포인트 중 하나가 되었고, 지금의 안스팜과 포천딸기힐링팜을 만들 수 있게 한 가장 큰 힘이다.

그렇다면 K-startup이란 무엇일까? K-startup이란 예비 창업자부터 7년 미만의 기창업자까지 모두가 이용할 수 있는 웹사이트다. 이곳에 들어가면 국가나 기관에서 시행하는 지원사업과 같은 창업 관련 정보를 확인할 수 있다. 무수히 많은 사업이 있지만, 지원 자격을 충족하면서 자부담을 최소화하는 사업은 예비창업패키지, 청년창업사관학교, 로컬크리에이터 등이 있다. 3천만 원에서 최대 1억 원을 지원해 주는 사업화 지원사업인데, 농업 예산은 영농경력과 일정 부분 자부담을 요구했기에 오히려 창업 예산 부담이 훨씬 적다. 당시 시기와 상황에 따라 임의로 선정했지만 받을 수 있는 사업은 더욱 다양하다. 그래서 농업으로만 한정 짓고 매일 농업기술센터 홈페이지만 확인할 필요가 없다.

현재 많은 컨설팅과 자문을 하면서 예비 청년 농업인을 만나면 사업에 대한 접근 자체를 잘못 설정한 경우가 많다. 사업화 자금은 각 사업의 지원 범위와 목적에 따라 지원 대상을 선정하는데 카테고리는 기술 창업, 혁신아이템 창업, 지역경제 활성화 아이템 창업, 사회적 기업 창업 등으로 나뉘어져 있다. 따라서 영농창업을 하는 아이템으로 모든 지원사업에 도전하는 것은 소모적이며 전략적이지 않다고 생각한다.

∜ 계획의 현실화 → 예비 창업패키지 합격

퇴사 전 창업 준비를 하던 3개월은 계획을 수립하고 준비하는 데 정말 소중한 시간이었다. 짧은 시간 동안 전국 팔도를 돌아다니면서 직접 눈으로 보고, 배우며 차근차근 영농창업을 준비하기 시작했다. 사직서를 제출하기 전 준비 기간에는 단 하루도 쉬지 않고 남은 시간 모두 영농 교육 수료에 힘썼다. 또한, 선도농가를 견학 다니면서 영농 교육을 듣는 등 동시에 시간이 날 때마다 K-startup에서 마감된 전년도 사업화 자금 사업의 지침을 분석하여 다음 연도 사업을 대비하였다.

그렇게 정신없이 준비하다 마침내 2018년 12월 31일이 되었고 사직서를 제출하고 퇴사를 하게 되었다. 1월부터는 각종 사업을 신청하고 교육을 들어야 했기에 본격적인 실전에 뛰어들게 되었다. 교육은 농업에 대한 지식이 부족했기 때문에 최대한 많이 받고자 했다. 먼저 논산에서 딸기 영농 기술 습득을 위해 6개월 간 교육을 듣는 청년 귀농장기교육을 신청했다. 장기교육을 듣는 동안에도 농업인 대학이나 스마트팜 교육 등 추가로 들을 수 있는 것은 놓치지 않고 수강하였다.

청년 귀농장기교육에 선정이 되자마자 논산으로 내려갔다. 일요일부터 수요일까지는 논산에서 자취하며 교육을 들었고, 목요일에는 포천으로 올라와 포천시 환경농업대학의 수업을 들었다. 금요일부터 토요일은 선도농가 견학을 다니거나 재무계획 그리고 사업화 자금 유치에 힘을 쏟았다. 규칙적인 시간에 농작업을 하며 실습을 하다 보니 사업화 자금에 집중하기가 힘들어 작업하거나 이동 시간마저도 쪼개면서 사용했었다. 그 와중에 자격증 취득을 위해 유기농업기능사도 합격했다. 지금 생각하면 쉰다는 생각 자체를 하지 못하고 목표만을 보며 달렸던 것 같다. 그 과정에서 나보다도 고생했을 아내와 어린 아들에게 아직도 미안한 감정이 남아 있다.

연초에 예비창업패키지 사업이 올라왔고 밤을 지새우며 그동안 생각하고 고민하던 콘셉트의 아이디어를 구체적으로 적어 내려갔다. 귀농보다는 영농창업이라는 방향성을 명확하게 인지하고 농산업분야의 스타트업으로 성장하기 위해 사업 계획을 작성하고 1차 합격 통보를 받게 되었다. 예비창업패키지는 1차 서류 이후 2차 발표만 통과하면 최종 선정이 되어 다른 사업보다는 프로세스가 많지 않았다. 하지만 이를 바꿔 말하면 2차 발표에 모든 것이 결정될 수 있다는 말이다. 발표 시간도 길게 갖는 것이 아니라 단 5분의 발표로 모든 것이 결정되는 상황이었다. 단 5분 만에 심사위원에게 다른 사람이 아닌 내가 이 사업을 받아야 하는 이유를 어필하고 싶었다. 당연히 긴장되었지만 대기업을 퇴사하기 전까지 많은 장소와 다양한 상황에서 발표할 기회가 많았기에 자신감은 넘쳤다. 상황에 따라 스피치 방식은 달라지지만 결국 듣는 청자가 누구인지에 따라 그 입장에서 발표하면 성공한다는 것이 포인트라고 생각했다. 따라서 심사위원의 입장에서 생각해 보았을 때 전체적으로 고령화 비중이 높은 농산업 분야를 발전시킬 수 있는 유망한 청년 농업인을 선호하리라 판단했다. 그리하여 남들과는 다른 관점으로 농업에 임하는 자세, 영농창업의 방향성 그리고 청년 농업인이 기여할 수 있는 점을 부각했다. 또한, 기술창업에 관련하여 자체적으로 설계한 스마트팜, 스마트팜 시공을 공정화할 수 있는 모듈화 스마트팜 개발, 농업을 준비하고자 하는 예비 농업인에게 도움을 줄 수 있는 에듀팜까지 농산업 발전에 보탬이 될 수 있는 나만의 아이템 또한 강조하며 차별화하고자 노력했다. 발표 당시 분위기는 좋았지만, 최종 발표 전까지는 안심할 수 없어 끝까지 긴장의 끈을 놓지 않았다. 시간이 지나고 발표에 대한 긴장을 잊어 갈 무렵 핸드폰으로 발송된 문자 한 통을 받게 되었다. 당시 논산에서 진행한 귀농 장기교육 프로그램 중 딸기 약 20만 주에 대한 육묘작업을 하고 있었는데 최종 선정되었다는 소식이었다. 손에 쥐고 있던 육묘판을 던지며 기뻐했고, 옆에 있던 동기들과 교수님 또한 큰 축하의 박수를 보내주었다. 이렇게 기뻤던 이유는 예비창업패키지에 선정되었고 금액 또한 최대 상한 금액인 1억 원에 대한 승인이 났기 때문이다. 일반적으로 선정된 대상자를 보면 상한 금액 전액을 받는 경우가 드물었고 주변에서도 너무 기대하지 말라는 말을 많이 들어서 큰 기대를 하지 않고 있었기 때문이다. 그러나 내가 정했던 아이디어와 방향성을 인정받았다는 것에 대해 기쁨을 느꼈고, 앞으로 전개될 사업에 큰 도움을 받을 수 있다는 사실에 안도했다. 선정 이후 많은 생각이 들었지만, 농업을 단순히 귀농해서 농사를 짓겠다는 방향으로 접근했다면 절대 이런 결과를 얻어내지 못했을 것이다. 이어서 3개월이라는 짧은 시간밖에 없었지만, 전략적으로 접근하며 준비했던 청년후계농도 합격 통보를 받았다. 혼자 수많은 고민을 하며 세웠던 계획과 방향성이 틀리지 않았다고 말해주는 것 같아 자신감을 얻게 된 시간이었다.

그 후 합격 통지를 받고 곧장 다음 단계를 밟기 위한 계획을 확인하였다. 중소기업벤처부의 사업화 자금이 확정되었다는 것은 창업이 시작되었다는 의미이기 때문이다. 전국 수많은 농가를 방문하고 잠도 자지 않으며 자료 수집에 매달리고 끊임없이 계획서를 수정하던 준비 과정은 끝났고 첫발을 떼야 하는 시기가 왔다.

∨ 성공적인 영농창업을 위한 전략적 접근

초기에 위험을 줄이고 성공적인 창업을 하기 위해서는 A부터 Z까지 세세한 계획과 전략적 접근이 필요하다고 생각한다. 자본금이 많다면 이야기가 달라질 수 있겠지만 그렇지 않기 때문에 치밀하게 준비를 했다. 특히 영농창업은 희망 지역, 농지 형태, 희망 작물, 시설 형태, 운영 방식, 지원사업 등 조사하고 알아봐야 할 것이 매우 많다. 심지어 똑같은 작물로 1차 생산이라는 전략을 세워도 농장주의 성향에 따라 모든 부분이 달라질 수 있기 때문에 본인의 성향과 방향성을 잘 파악하는 것이 중요하다.

전략적으로 접근하기 위해 본인을 잘 파악했다면 그것을 바탕으로 깊은 고민을 해봐야 한다. 예를 들어 아무런 기반이 없는 사회 초년생 처지에서 생각해 보자. 이 청년은 1차 생산을 통해 이윤을 창출하는 것이 목적이다. 그렇다면 상대적으로 도시와 근접하여 인프라가 잘 구축되어 있는 단가가 높은 곳의 농지를 사야 할까? 나아가 반드시 농지를 사야 할까? 목적이 정해지고 명확하다면 본인의 상황을 고려해 매입보다는 임대가 더 나은 선택지가 될 수 있다. 혹은 하우스 자체를 임대하는 것도 생각해 볼 수 있다. 또한, 판로에 대한 인프라가 개척된 작물의 주산지를 중심으로 지역선정을 하는 것도 전략적인 접근이 될 수 있다. 희망 작물이 딸기라면 공선시스템이 체계적이고 시장 출하가 상대적으로 쉬운 논산과 같은 지역으로 지역을 선정하고 본인의 역량을 한 곳에 쏟아낼 수 있기 때문이다.

나의 콘셉트와 방향성은 도농복합지역에서 에듀팜에 특화된 6차 산업농업이었다. 따라서 인구가 많은 곳 인근의 접근성이 쉬운 농지를 찾고자 했다. 먼저 교육 목적으로 운영할 경우 접근성이 좋아야 한다고 생각했다. 많은 사람이 오고 갈 때 접근성이 좋아야 편의성이 증대되고 더 많은 사람을 불러 모을 수 있기 때문이다. 6차 산업은 대도시와의 인접성을 중요시했다. 물론 특색 있게 농장을 잘 운영하여 많은 고객을 불러 모은다고 할 수 있지만 정말 힘든 일이 될 수 있다. 기업에서도 이익을 올리는 방법을 매출이 아닌 비용을 줄이는 것으로 잡는 이유가 매출을 올리기 위해서는 엄청난 전략과 자본이 들어가기 때문이다. 따라서 좋은 전략을 좋은 환경이 뒷받침되는 곳에서 실행하고자 잠재고객이 많은 대도시와의 인접성을 중요시했다. 그래서 매물이 나오면 항상 도로와 가까이 있어 접근하기 편한지 그리고 서울이나 경기도 내의 신도시와 인접하는지를 가장 먼저 확인하였다.

이런 외부적인 요소 이외에 농지의 가치도 중요한 점이라고 생각한다. 영농창업은 농지를 구매할 때 엄청난 자본이 수반되기에 시작부터 자본에 대한 리스크를 지고 출발점에 서게 된다. 모든 사업이 실패할 것을 가정하고 시작하진 않지만, 어찌 됐든 실패했을 때 이후 전략에 대해서도 생각해 봐야 한다. 어느 정도 농지 가치가 보장되어 있다면 모든 자금을 회수할 수는 없겠지만, 그 피해액을 최소화할 수 있기 때문이다. 비즈니스 모델에 맞는 매물의 특성을 보면서도 저평가된 지역을 중심으로 확인했다.

퇴사하면서 앞으로 쓰이지 않으리라 생각했던 전공지식이 농지를 살 때 엄청난 도움이 되었다. 지질학을 배울 때 4년 내내 지질학적 의미가 있는 야외 지질조사를 시행한다. 조사 지역이 대부분 농촌이었는데 지질조사를 할 때는 항상 지하수 조사를 병행했다. 농촌 지역을 밥 먹듯이 다니며 지질과 지하수를 조사했던 것이 농지를 분석할 때 큰 힘이 되었다.

당시 배웠던 것들과 더불어 내가 스스로 정한 기준이나 조건을 토대로 우선순위와 단계를 정했다. 지역을 선정하고 매물과 시세를 분석한 후 주변 인프라를 탐색했다. 기준에 맞으면 일조량과 수몰지역 여부를 확인하고 토지이용 규제와 주변 지하수 현황 분석을 했다. 많은 사람들이 연고가 있고 부모님이 농업을 하는 지역이기 때문에 도움을 받았을 거라 생각하는데 완벽한 오해라고 말하고 싶다. 내가 스스로 판단하며 농업을 선택했기에 부모님이 아닌 내가 정한 기준과 원칙에 들어맞는 것이 우선이었다.

수많은 후보지 중에서 기준에 맞는 곳이 아니면 과감히 선택지에서 지워나갔다. 무수히 많은 농지를 보고 지워가는 과정을 반복하다가 조건에 맞는 지역과 농지 3곳 정도가 눈에 들어왔다. 현재 포천딸기힐링팜을 운영하고 있는 포천시 영중면이라는 지역이었다. 후보 농지는 도로를 끼고 있어 접근 편의성이 좋았고 경기 지역 신도시와도 인접한 지역이었다. 서울과도 1시간 내외로 오갈 수 있기 때문에 잠재고객에게 어필하기에도 충분히 매력적이라고 생각했고 나머지 우선순위로 정한 조건도 다 충족했다. 또한, 당시 많은 지역개발 관련 호재도 많았는데 그에 비해 가격도 평당 10만 원대로 매우 저평가되어 있다는 생각에 과감히 농지를 샀다.

농지 매입 이후 3년이 지난 현시점에선 매입 시점보다 가격이 많이 올랐다. 자산인 부동산이 올랐기에 옳은 판단이었다. 하지만 실제 현금화가 가능한 것도 아니고 단순히 1~2년 농사하고 팔 것도 아니기에 크게 동요되지는 않는다. 그저 창업 전에 계획했던 것들을 묵묵히 이뤄나가며 영농 활동에 온 힘을 들이는 것이 바람직하다고 생각한다.

성공한 사업가들로부터 창업은 첫 단추가 굉장히 중요하다는 말을 많이 들었다. 특히 영농창업의 첫 단추인 농지 임대나 매입의 중요성은 더욱 크다고 생각한다. 체계적인 준비와 조사가 없이 무턱대고 진행했다가 최악의 경우에는 농업 자체를 시작조차 할 수 없는 상황이 벌어질 수 있기 때문이다. 실제로 주변에 실패한 사례가 너무나도 많았다. 농지를 사고 작물을 심었는데 계절이 바뀌니 산에 가려 일조량이 급격하게 떨어지거나, 지하수가 없거나, 지하수 성분이 농업에 맞지 않는 등 수도 없이 많은 사례를 지켜보았다. 실패하여 역귀농을 하고 이런 매물이 나오는 경우를 드물지 않게 찾아볼 수 있다. 따라서 농지를 살 때는 최대한 신중하고 체계적으로 접근하는 것이 성공의 반 이상을 보증할 수 있다고 말하고 싶다.

∨ 영농창업 목적에 맞는 농지 매입 방법

농지를 매입할 때는 사실 토지의 개념으로 접근해야 한다. 토지는 용도에 따라 법적 구분이 세분화되어 있다. 보전관리지역, 생산관리지역, 계획관리지역, 농업진흥구역, 농업보호구역 등 용도 지역 내에서도 지역 조례 및 규제에 따라 세부적 제한이 많다. 농지도 아무 토지나 고르는 것이 아니라 내가 하고자 하는 농업의 방향성에 맞게 매입해야 한다. 사업의 방향성이 1차 산업일 때와 6차 산업일 때 매입해야 할 농지와 전략 자체가 다르기 때문이다. 세부적 제한이 많은 용도의 농지에서 6차 산업을 하기에는 제약사항이 많으며, 계획관리지역과 같은 상대적으로 비싼 농지에서 1차 생산을 하는 것은 자본의 한계에 부딪힐 수 있다.

만약 6차 산업화를 통한 체험농장을 하고자 한다면 '농촌융복합특별법'을 면밀하게 검토해야 한다. 법령 내용을 보면 생산관리지역 내 농촌 체험에 대해 농지 사용 제한이 상대적으로 완화되어 있다. 또한, 관광농원 허가를 통한 사업을 계획한다면 절대 농업진흥구역 농지를 매입하면 안 된다. 용도 지역 변경이 되지 않는 한 결코 농촌관광농원 허가가 나지 않는 지역이기 때문이다. 이처럼 영농 목적에 따라 농지의 용도가 몇 번을 강조해도 지나치지 않을 정도로 매우 중요하다. 앞에서 설명한 농지 매입을 위한 예를 보더라도 농업의 사업 콘셉트에 따라 매우 다양한 선택지가 있다. 아래 정리한 표를 참고하여 본인이 생각하는 영농창업의 콘셉트와 부합한 농지의 용도 지역을 확인해야 한다.

지역		지정목적
도시 지역	주거 지역	거주의 안녕과 건전한 생활 환경의 보호를 위하여 필요한 지역
	상업 지역	상업이나 그 밖의 업무의 편익을 증진하기 위하여 필요한 지역
	공업 지역	공업의 편익을 증진하기 위하여 필요한 지역
	녹지 지역	자연환경 · 농지 및 산림의 보호, 보건 위생, 보안과 도시의 무질서한 확산을 방지하기 위하여 녹지의 보전이 필요한 지역
관리 지역	보전관리 지역	자연환경 보호, 산림 보호, 수질 오염 방지, 녹지 공간 확보 및 생태계 보전 등을 위하여 보전이 필요하나, 주변 용도 지역과의 관계 등을 고려할 때 자연환경 보전 지역으로 지정하여 관리하기가 곤란한 지역
	생산관리 지역	농업 · 임업 · 어업 생산 등을 위하여 관리가 필요하나, 주변 용도 지역과의 관계 등을 고려할 때 농림 지역으로 지정하여 관리하기가 곤란한 지역
	계획관리 지역	도시 지역으로의 편입이 예상되는 지역이나 자연환경을 고려하여 제한적인 이용 · 개발을 하려는 지역으로서 계획적 · 체계적인 관리가 필요한 지역
농림 지역		도시지역에 속하지 아니하는 농지법에 따른 농업 진흥 지역 또는 산지 관리법에 따른 보전산지 등으로서 농림업을 진흥시키고 산림을 보전하기 위하여 필요한 지역
자연환경 보전 지역		자연환경 · 수자원 · 해안 · 생태계 · 상수원 및 문화재의 보전과 수산 자원의 보호 · 육성 등을 위하여 필요한 지역

출처 : 대한민국 국토의 계획 및 이용에 관한 법률

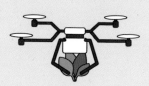

귀농(영농창업)을
위한 본격 준비 과정

귀농 전 필수 단계

∀ 자기 분석과 창업 콘셉트를 정하라!

농업이라는 산업에서 창업을 준비하는 사람들이 가장 어려워하는 것 중 하나는 창업 콘셉트를 정하는 것이다. 그러나 비즈니스 모델이나 창업의 콘셉트를 정하라고 해서 절대 어렵게 생각할 필요가 없다. 농촌의 한적한 곳에서 작물을 중심으로 1차 생산을 하며 귀농 라이프를 즐기겠다는 목표도 좋다. 도농복합지역에서 6차 산업화 농업을 통해 생산, 가공, 서비스하거나 대도시에서 체험 농장을 운영하며 회전율을 높이는 것도 좋은 콘셉트가 될 수 있다. 어떤 형태도 좋지만, 남들이 한다고 해서 따라가는 방식은 철저히 지양해야 한다. 오롯이 자기 자신을 분석하고 강점을 파악하여 활용하거나 꿈을 중점으로 정하는 것이 바람직하다고 생각한다. 정부에서 권장하고 남들이 좋다고 해서 6차 산업화 모델을 생각하여 농장을 설계하고 사업을 진행하는데 본인이 사람 만나는 것을 꺼리는 성향이라면 사업 자체가 즐겁지 않을 것이다. 오히려 이런 성향일 경우 철저히 1차 생산에 특화된 방식으로 준비하는 것이 마땅하다. 사업 콘셉트에 따라서 시설, 투자금, 교육과정, 인증서, 지원사업, 보조사업 등 방향성과 준비 사항이 달라지기 때문에 본인이 어떤 농업을 하고 싶은지 깊게 생각해 봐야 한다.

사업 콘셉트를 정하기 전에 인생을 돌아보며 나라는 사람을 먼저 알아보려고 노력했다. 영농창업을 결심하고 내가 어떤 일을 해야 행복하고 가장 높은 성과를 낼 수 있을지 고민하기 시작했다. 대부분 영농창업을 결심하고 어떤 작물을 선택해야 돈을 많이 벌 수 있는지부터 고민한다. 돈이 중요한 기준이긴 하지만 퇴사 전에 높은 연봉을 받고 있었고 회사에 다니며 했던 부동산 투자도 소기의 성과를 거뒀기에 돈을 우선순위로 두지 않았다. 삶을 돌이켜보며 가장 행복했던 순간을 꼽아보자면 휴대폰 판매 아르바이트를 하며 달성한 판매왕, 학과에서 꼴등 수준의 학점이었지만 극복하고 입학했던 서울대 대학원, 대학원에서 받았던 최우수 논문상, 회사에서 연구개발에 대한 성과로 받았던 표창장까지 큰 의미로 다가오는 사건들이 떠올랐다. 이를 두고 천천히 생각해 보니 내가 가장 행복했을 때는 도전하고 성과를 내어 인정받았을 때라는 것을 깨달았다. 단순히 1차 생산이 아닌 도전할 것이 많은 6차 산업화 농업을 했을 때 창업에 더 큰 의미가 있을 것이라 판단했다. 이외에도 더 깊은 고민의 결과로 농업의 형태는 ICT 스마트팜을 통해 일정 규모 이상의 1차, 2차, 3차를 병행할 수 있는 6차 산업을 하기로 했다.

사업의 형태를 정하니 작물은 정하기 더 쉬웠다. 이러한 생각과 더불어 최종적으로 딸기를 선택한 이유를 설명하겠다.

첫 번째, 딸기는 그 어떤 작물보다 6차 산업에 최적화된 작물이다. 우선 사람들이 농장에 직접 찾아와 체험을 진행하는 6차 산업은 작물에 대한 호불호가 없어야 한다. 딸기는 남녀노소 누구나 좋아해 가족, 커플, 부부, 친구 등 어떤 형태의 고객이든 수용할 수 있다. 호불호가 있는 작물보다는 대중성이 높아 큰 시장을 바라보는 것이 리스크를 줄일 수 있다고 판단했다. 또한, 딸기라는 생물을 이용하여 가공한 제품은 선호도가 높아서 가공 분야에도 도전해 보고 싶었다. 결론적으로 딸기는 생물, 가공, 수출, 체험 등 콘셉트를 어떻게 잡는지에 따라 수익구조를 다변화할 수 있고 한정된 농지에서 고부가가치를 창출하기에 좋은 작물이다.

두 번째, 딸기는 내가 가장 좋아하는 작물이다. 가장 좋아하는 작물로 무턱대고 정하라는 의미가 아니라 작물에 대한 호감도는 곧 관심으로 이어지고 이는 품질로 나타나기 때문이다. 나는 딸기를 정말 좋아한다. 딸기를 먹기 위해 겨울만을 기다리고 딸기 농사를 짓는 지금도 하루에 얼마나 먹는지 모를 정도로 좋아한다. 매일 먹어도 질리지 않을 정도로 애정을 갖고 있기 때문에 먹으면서 경도, 당도, 식감, 빛깔 등 사소한 변화도 민감하게 찾아낸다. 더 맛있는 딸기를 위해 공부하고 실험하며 테스트하는 데 좋아하는 작물이라 더욱 동기부여가 된다. 좋아하지 않는 작물을 매일 먹으며 테스트를 하는 것만큼 힘든 일도 없을 것이다.

세 번째, 딸기는 귀농 선호도 1위의 작물로 교육 사업에 가장 적합하다. 여기서 말하는 교육 사업은 단순 수확 체험이 아닌 예비 농업인과 예비 귀농인을 대상으로 하는 교육 비즈니스 사업을 의미한다. 2003년부터 아버지와 주변 농가의 행정업무를 도왔는데 덕분에 도움을 받았다는 말을 들으면 그렇게 뿌듯할 수가 없었다. 내가 전문성을 키우고 많은 사람의 성공적인 영농 정착에 기여한다면 사업 또한 더욱 보람 있을 것이라고 생각한다. 따라서 예비 농업인이 가장 선호하는 작물인 딸기를 재배한다면 더 많은 농업인을 만날 것이므로 수요가 가장 많은 딸기를 선택했다.

이와 같은 이유로 딸기라는 작물로 결정했지만 별개로 스마트팜이라는 기술을 이용해서 나만의 재배 매뉴얼을 정립하고 맛있는 딸기를 키워보고 싶었다. ICT 환경복합제어를 이용하여 재배할 수 있는 작물은 많지만, 일정 수준 이상 가이드화가 진행된 작물은 생각보다 많지 않다. 딸기는 가이드라인이 나와 있다고 할 수 있지만, 이론적으로 참고할 만한 것이지 실제 영농 기술에 100% 활용할 수는 없다. 지역의 특성, 작물의 유전력, 주변 환경, 지하수 성분 등 고려 해야 할 사항도, 변수도 많기 때문이다. 이런 다양한 변수를 극복하고 영농 기술과 정밀 농업을 통해 가장 맛있는 딸기를 생산해 보고 싶은 꿈도 꾸게 되었다.

↓ 선도 농가의 매출을 보지 마라

수많은 강의를 다니면서 항상 이야기하는 이야기가 바로 선도 농가의 매출을 보고 작물을 결정하지 말라는 것이다. 우선 본인이 하고자 하는 영농창업의 콘셉트를 정했으면 작물에 대해서도 여러 옵션을 두고 경제성 분석을 통한 창업 준비를 해야 한다.

최근 영농창업 관련 콘텐츠를 접할 수 있는 기회가 매우 많아졌다. 영농창업을 준비하는 대부분의 예비 농업인은 유튜브, 인스타, 페이스북 등과 같은 다양한 매체의 콘텐츠에 의존할 수밖에 없다. 하지만 보이지 않는 부분과 그들이 쉽사리 공개하지 않은 부분을 확실히 알고 넘어갈 필요가 있다. 억대 매출 등을 홍보하며 귀농을 독려하는 선도 농가들에 현혹되어서는 안 된다.

결론부터 이야기하면 농업인의 목적은 수익성이 높은 작물이나 비즈니스 모델을 찾는 것이다. 매체나 견학을 통해 농가에서 말하는 매출은 말 그대로 '매출'이다.

농업도 창업이기에 우리는 아래와 같은 농가의 손익 계산서의 내용에 대해 이해하고 영농창업의 비즈니스 모델을 수립해야 한다.

손익 계산서 항목	설명
매출액 (Revenue)	기업이 상품이나 서비스를 판매하여 얻은 총수익
매출 원가 (Cost of Goods Sold, COGS)	상품이나 서비스를 생산하거나 구매하는 데 드는 비용
매출 총이익 (Gross Profit)	매출액에서 매출 원가를 뺀 금액
판관비 (Selling, General and Administrative Expenses, SG&A)	판매, 일반 관리에 드는 제반 비용
영업 이익 (Operating Income)	매출 총이익에서 판관비를 뺀 금액
영업 외 수익 (Non-Operating Income)	주요 사업 활동 외에 발생하는 수익 (예: 투자 수익)
영업 외 비용 (Non-Operating Expenses)	주요 사업 활동 외에 발생하는 비용 (예: 이자 비용)
당기 순이익 (Net Income)	모든 수익과 비용을 계산한 후 남는 순수익

예를 들면 어떤 농가 매출이 1,000평에서 약 1억 원이라고 하면 대부분 평당 10만 원의 매출이 나온다고 생각한다. 하지만 실제로 영업해서 얻는 평당 당기 순이익을 보면 그렇지 않다.

항목	금액(원)
매출	100,000,000
매출 원가(−)	−40,000,000
매출 총이익	60,000,000
판관비(−)	−20,000,000
영업 이익	40,000,000
영업 외 수익(+)	0
영업 외 비용(−)	−7,500,000 (대출 이자 등)
당기 순이익	32,500,000
평당 당기 순이익	32,500

　　작목별, 농가별 매출보다 순이익에 집중해야 한다. 무작정 작물을 선택하기 전에 예시처럼 가상의 손익 계산서를 작성해 보자. 품목별, 창업 형태별로 작성해야 초기에 농업의 형태, 작물의 종류, 부가 가치 창출에 대한 고민과 계획도 같이 진행할 수 있기 때문이다. 소요 예산에 따른 자금 조달 계획 수립이 무엇보다 중요하며, 예상 매출과 평당 단기 순익의 계산까지 끝내면 더욱 구체적인 계획이 탄생할 것이다. 계획 작성이 끝났으면 필요한 예산에 대한 자금 조달 방법 그리고 상환 계획을 작성하고 단기, 중기, 장기로 나누어 계획을 수립하자. 여기까지만 진행해도 지역과 작물을 선택하는 데 큰 도움이 될 것이다.

↓ 농업을 시작하기 위해 알아야 할 지원사업

위와 같은 여러 가지 이유와 생각으로 영농창업의 콘셉트를 정한 후 조건에 맞는 사업을 조사하고 분석하기 시작했다. 현재부터 과거까지 많은 자료를 살펴보니 현재 창업에 대한 정부 사업의 흐름을 보았을 때 지속해서 확대되는 것을 확인할 수 있었다. 실제로 2022년 중소기업벤처부의 중앙부처 및 지자체 창업지원사업의 자금은 무려 3조 6668억 원으로 역대 최대 규모를 기록했다. 매년 지원사업은 늘어나고 지원금도 커지는 추세이므로 기회는 더욱더 많아질 것으로 생각된다. 어렵게 생각할 필요 없이 귀농, 농업, 농사는 모두 영농창업이다. 우리가 해야 할 일은 어렵다고 좌절할 것이 아니라 많아진 기회를 쟁취하는 것이다.

내가 가장 먼저 접근했던 사업은 청년 창업 사업화 자금 지원 사업이었다. 앞서 잠시 설명한 K-startup 사이트에 접속하면 그간 진행되었던 중소기업벤처부의 사업을 모두 살펴볼 수 있다. 전년도 지원사업을 확인하고 지원할 만한 사업을 나열한 후 우선순위를 선정하였다. 총 4개의 지원사업을 스스로 정하였고 예비창업패키지를 가장 먼저 염두에 두고 청년창업사관학교, 로컬크리에이터, 농식품 벤처창업 지원사업 순으로 순위를 나누었다.

지원할 사업의 우선순위를 정하는 것은 매우 중요하다. 사업화 자금을 받고자 하면 대부분 사업 중복 선정이 불가능해 한 개만 선택해야 하기 때문이다. 따라서 사업비를 기준으로 우선순위를 선정하는 것도 좋은 기준이 될 수 있다. 1순위로 정한 예비창업패키지는 최대 1억 원 규모의 사업화 자금인데 자부담 없이 100% 지원을 해주는 사업이다. 예비창업패키지 사업 지원 시에는 원하는 지역과 기관을 선정할 수 있는데 이때도 전략적으로 접근했다. 당시 경기창조경제혁신센터는 경쟁률이 가장 높은 곳 중 하나였지만 IT의 중심지인 판교에 있다는 것이 오히려 매력적이라고 생각했다. IT 중심지역이기에 IT, 게임, 플랫폼 관련 지원자가 많을 것이므로 농업에 관련된 아이템은 주목받을 수밖에 없는 환경이다. 단순 농업이 아닌 스마트팜을 통해 농산업 분야의 혁신적인 기술창업 아이템을 제안한다면 충분히 심사위원의 마음을 사로잡으리라 판단해 치열하지만 기회가 보이는 곳으로 지원했다. 전략이 통했는지 최종 선정이 됐고 평균 지원 금액이 5천만 원인 사업에서 상한 금액까지 승인된 성과를 거둘 수 있었다.

창업 지원사업도 필수적이지만 농업을 하고자 하면 기본적인 필수 지원사업은 따로 있다. 바로 청년창업형 후계농업경영인(청년후계농)이다. 이 사업은 3년간 월 최대 110만 원을 제공하여 총 3,600만 원의 영농정착지원금을 지원한다. 또한 담보가 없어도 농림수산업자신용보증기금(이하 농신보)의 신용을 통해 최대 5억 원의 융자 자금을 1.5%의 고정금리 혹은 변동금리로 이용할 수 있고 초기의 불안정한 영농 상황을 고려하여 5년 거치 20년 상환으로 융자자금을 상환하면 된다. 영농창업은 시설과 농지가 필수여서 타 산업군과 비교하면 창업 시 초기 투자비가 많이 들어가므로 예비 농업인이라면 반드시 선정되어야 한다.

나 또한 이 사업을 받기 위해 많이 조사하고 분석했다. 특히 지원할 당시인 2019년도에는 사업 시행 2년 차로 지금처럼 시중에 정보가 많이 없었기에 분석하고 또 분석했다. 사업 지침 중 평가지표를 보면 정성적 평가지표와 정량적 평가지표로 나뉜다. 정량적 평가지표는 교육시간, 자격증, 상장과 같이 말 그대로 정량적인 지표를 말한다. 창업 결심 이후 취득했던 농업 관련 자격증과 교육시간 때문에 정량적인 평가는 크게 걱정하지 않았다. 또한, 여러 농업 멘토의 도움으로 정성적인 평가지표 또한 구체적으로 계획을 세웠기에 괜찮다고 판단했다. 하지만 항상 모든 일에는 플랜 B가 필요하다고 생각한다. 플랜 A인 청년후계농 사업에서 떨어진다면 곧장 플랜 B인 후계농업경영인 사업을 준비하고 플랜 C인 귀농창업자금 사업까지 지원할 준비를 했다.

창업 사업화 자금과 농업 정책 자금을 확보한 이후에도 다른 사업을 받기 위해 다방면으로 조사했다. 중복해서 사업을 받을 수 없을 줄 알았지만 의외로 가능한 사업이 많았다. 인건비 지원 사업부터, 청년창업에 한해 금리를 우대해 주는 기업융자자금, 바우처 사업, 사무실 임대 사업, 교육 사업 등 이렇게 많은 사업이 있을 것이라고는 생각하지 못했다. 똑똑하거나 돈이 많다고 받을 수 있는 사업이 아니라 누구나 조금만 준비하면 받을 수 있기에 항상 창업에 무게를 두고 접근하는 자세를 가져야 한다.

∀ 영농창업을 위한 교육은?

안정적인 영농정착은 기술이 기본이 되어야 한다. 그럼 영농기술 습득은 어떻게 해야 할까? 영농창업을 결심했지만 어떤 교육을 들어야 할지 몰라 막막해 하는 사람들이 매우 많다. 영농창업 관련 교육을 듣고자 한다면 수많은 교육 중에 꼭 필요한 강의를 듣는 것을 추천한다. 단지 강의 일정이 맞다고 선택해서 교육을 듣는 동안 시간 낭비라고 생각된다면 비효율적인 시간이 될 수 있기 때문이다.

우선 나에게 필요한 교육이 어떤 것인지 생각해 보자. 작물에 대한 지식이 아예 없다면 현장실습 교육이나 청년귀농 장기교육을 통해 영농기술을 익힐 수 있다. 지자체별로 작물을 나눠 교육하기도 하고 사설 단체에서도 교육을 진행한다. 영농기술은 내 생계를 책임지므로 다양한 교육을 통해 반드시 영농기술을 쌓아야 한다. 영농기술 외에도 다양한 교육이 있는데 귀농에 대한 지식이 부족하다면 귀농 귀촌 관련 교육을 들을 수 있고, 성공한 농가의 농장 운영방식을 듣고 싶다면 선도 농가 견학 교육을 선택할 수도 있다. 나 또한 정말 많은 교육을 들었다. 지자체 농업대학 6차 산업학과 교육, 청년귀농 장기교육, 선도 농가 현장실습, 농업교육포털을 통한 ICT 스마트팜 관련 교육 등 영농창업을 준비하며 1,000시간이 넘는 교육을 이수하였다.

가장 먼저 들었던 교육은 지자체의 농업대학 교육인데 지자체 농업기술센터에서 운영하며 약 1년 정도의 과정이다. 전국 지자체의 농업기술센터에서 운영 중이니 관심 있는 사람들은 홈페이지를 참고하거나 관리자에게 정보를 물어 준비할 수 있다. 일반적으로 1월부터 모집공고가 뜨는데, 특히 농업에 종사하지 않았던 사람에게 추천하고 싶다. 교육과정 전체가 무료이고 기본 자격조건이 된다면 누구나 입학을 할 수 있기 때문이다. 대학 과정을 보면 다양한 프로그램이 있는데 원하는 과에 입학하여 희망과목을 배울 수 있다. 당시 포천시는 6차산업과와 스마트농업과 두 가지 학과로 모집을 진행했다. 가장 좋았던 것은 기본적인 농업을 하기 위해서 알아야 하는 토양학, 재배학과 같은 이론 교육이 많았다는 것이다. 세법, 법률, 지원정책, 인증제도도 1년 과정에 다 포함을 시켜 실질적으로 농업 활동을 하는 사람이나 농업을 준비하는 사람에게 많은 도움이 될 것으로 생각한다. 개인적으로 대학 과정을 통해 얻은 것 중 가장 좋았던 것은 사람과의 관계이다. 농업기술센터에서 1년 내내 매주 수업을 듣기 때문에 자연스럽게 농업기술센터 관계자와 친분을 맺을 수 있고 관련 교수님, 강사, 전문가와 자연스레 인맥을 쌓을 좋은 기회를 가졌기 때문이다. 실제로 창업을 하며 세법에 대해 모르는 것이 많아 세법과 관련한 문제로 애를 먹었는데 개인적으로 자문해 해결했던 적이 많았다. 이런 식으로 큰 도움이 되었고 많이 배우기도 하면서, 좋은 사람들을 많이 알게 된 소중한 시간이었다.

지자체별로 비슷하겠지만 약간의 특색이 있다. 논산은 딸기학과가 있고 포천은 포도학과가 있는데 지자체별로 개설하는 학과가 다르므로 확인이 필요하다. 포천시는 앞서 말했다시피 학부는 스마트농업과와 6차산업과로 선발을 하고 대학원 과정은 친환경농업과로 모집을 하였다. 지원자격도 각각 다르므로 꼭 확인이 필요한데 포천시는 포천시에 주민등록이 되어 있어야 하고 실제 거주하고 있어야 한다. 또한 농업인의 경우는 우선으로 선발한다. 입학하기 위해서는 서류전형과 입학시험을 보는데 100% 국비지원으로 진행되는 교육 과정이기 때문에 생각보다 지원하는 사람들이 많다. 대학원은 더 경쟁률이 치열하며, 포천의 입학시험은 포천의 역사와 문화, 농업 기초이론 등을 봤는데 지자체별로 다르므로 전년도 공고를 확인해 볼 필요가 있다. 졸업 조건은 정규과정의 70% 이상을 출석해야 한다. 아쉬웠던 것은 대학을 다니면서 과정에 100% 집중을 하지 못했다는 것이다. 대학을 다니며 논산에서 6개월 동안 합숙과정에 들어가서 매주 논산과 포천을 오고 갔는데 논산에 일이 생기면 참여를 못 했던 일이 더러 있어 아쉬움으로 남았다. 그래도 무사히 요건을 달성하여 졸업할 수 있었다. 특히 연고가 없는 사람은 1년 과정 중에 농업기술센터 선생님들, 동기들과 같은 인맥이 농업 활동에 큰 도움이 될 것이라고 확신한다. 지자체가 아닌 농업기술원에서 운영하는 교육과정도 있으니 알아보기를 추천한다.

대학을 다니며 받았던 교육은 논산에서 수강한 청년귀농 장기교육이다. 청년귀농 장기교육은 만 40세 미만의 농업 경영체가 없는 사람에 한하여 장기 합숙을 통해 이론, 실습, 견학, 지역활동, 창업 계획서 작성 등 정착을 위한 교육이다. 이 교육은 총 6개월에 걸쳐서 신청한 농가에서 받는데 인정되는 시간은 약 600시간 이상의 장기교육이다. 교육비의 70%는 국고에서 지원되며 30%의 자부담이 발생하고 숙식을 제공받는다. 교육 혜택은 단순히 영농에 정착하기 위한 재배 기술뿐만 아니라 청년후계농 지원 시, 가산점 5점이 부여된다. 정량적 가산점뿐만 아니라 청년후계농 사업 계획서에 600시간 이상의 교육이 들어가 있는 것 자체가 정성적으로도 심사위원에게 영농을 위한 의지를 어필할 수 있는 큰 이점이라고 생각한다. 아울러 이 교육을 통해 많은 것을 얻었다.

내가 들었던 청년귀농 장기교육은 딸기 주산지인 논산에 있는 다나딸기의 대표인 이종천 교수님이 진행하였다. 딸기라는 작물의 기본 생리, 재배 방법, 육묘, 마케팅, 사업계획서 작성부터 실질적으로 영농 정착에 필요한 모든 사항을 교육받았다. 이종천 교수님뿐만 아니라 외부 전문 강사도 오기 때문에 다양한 교육을 받을 수 있었다. 교육을 받으며 남는 시간에는 교육생이 모두 모여서 자격증 공부를 했다. 응시자 전원이 유기농업기능사에 합격하였고 이때 합격한 덕분에 청년후계농에 지원할 때도 가산점을 받았다. 그리고 유기농업기능사에 합격하고 개인적으로 운동을 좋아해 스포츠지도사 자격증도 응시하였다. 이 자격증을 활용하여 농촌 지역에서 재능기부를 할 수 있겠다는 생각을 했고, 주간 교육 이후 야간에 인근 대학교에서 매일 연습할 정도로 열심히 준비하여 합격하였다. 자격증 합격 이후에는 영상 콘텐츠

제작을 위해 편집을 배우기 시작했다. 당시에는 가벼운 마음으로 영상 편집을 공부했던 것이 유튜브를 시작한 계기가 되었고 그 덕분에 지금의 안스팜이라는 채널이 만들어졌다.

논산에서 딸기 영농기술, 여러 자격증, 영상 편집 등 영농창업에 도움이 된다고 판단하면 무엇이든 배우고자 했었기에 6개월이라는 시간이 전혀 길게 느껴지지 않았다. 하지만 무엇보다도 가장 큰 자산이라고 생각하는 것은 같은 꿈을 바라보는 든든한 13명의 동기이다. 6개월 동안 동고동락하며 친해졌는데 농업에 대한 고민과 정보를 공유하며 서로에게 가장 큰 힘이 되는 존재가 되었기 때문이다. 교육 수료 이후 현재까지도 지속해서 연락하며 서로를 응원하고 안정적인 영농정착에 시너지를 내고 있다.

교육 수료 이후에는 바로 포천시에서 신규농업인 현장실습 교육을 받았다. 이 교육은 연초부터 시행되기 때문에 사전에 찾아보고 해당하는 사람이 있으면 신청하기를 바란다. 인터넷에 신규농업인 현장실습교육을 검색하면 관련 지침이 많이 나오는데 어느 지자체든 사업을 진행하지만, 영농창업 예정 지역의 지자체 공고를 확인해야 한다. 교육에 대한 개요를 말하자면 귀농인, 신규 농업인, 경영체를 등록한 지 5년 이내인 자에 대해서 정부에서 지정한 선도농가에 가서 최소 3개월에서 7개월까지 교육을 받을 수 있는 프로그램이다. 무엇보다 가장 좋은 점은 교육에 대한 수당이 나온다. 연수생은 월 80만 원, 선도농가는 월 40만 원을 받게 된다. 이 교육은 실습보다는 기술 이전, 학습지원, 창업 역량 강화 내용으로 진행된다. 실습 기간은 멘티 연수생이 결정할 수 있으며, 최소 3개월에서 최대 7개월이다. 최대 월 160시간, 하루 8시간, 한 달 20일 정도인데 경영체 등록을 했거나 농업에 종사하고 있는 연수생은 자가 영농실습이 인정된다. 자가 영농실습은 월 80시간 이내라고 되어 있는데 절반 정도는 본인 농장에서 농업을 수행할 수 있다는 것이다. 결론적으로 농업을 하는 농가는 멘토 농가에서 월 80시간을 채우고 본인 농가에서 약 80시간을 인정받을 수 있다. 경영체가 없거나 농업을 하지 않는 연수생은 월 160시간 전체를 선도농가에서 교육을 받아야 한다. 자격요건에 만 40세 미만의 청년은 귀농 여부 및 지역과 상관없이 지원할 수 있는데 예를 들어 남양주에 거주하는 사람이 포천에서도 받을 수 있다는 말이다.

현장실습을 지원하며 멘토를 찾고 있었는데 포천시 송우리에 있는 포천하늘딸기의 김연광 대표님과 연이 닿았다. 논산에서 딸기 재배법에 대해 배웠지만, 논산과 포천은 다른 나라라고 할 정도로 재배환경이 다르다. 포천이라는 환경에서 고품질의 딸기를 생산할 수 있는 재배 비법을 김연광 대표님으로부터 많이 배울 수 있었다. 또한, 영농기술뿐만 아니라 모종, 농자재, 판로개척 등 전반적인 농업에 대해서도 좋은 말씀을 많이 해 주셨다. 그때 시작된 관계가 끈끈하게 이어져 3년이 지난 지금도 종종 연락을 드리며 발전적으로 이어져 가고 있다. 현장실습 교육이 없었다면 존경하는 스승님으로 여기는 대표님과의 인연도 맺지 못했을 것이다. 위 세 가지 교육을 수강하면서도 농업교육포털 내 수많은 온라인, 오프라인 교육을 수강했다. 농업교육포털에는 영농창업을 위한 유익하고 다양한 강의가 무료로 제공된다. 좋은 강의가 많아 강의 목록에 담아두고 시간이 날 때마다 수시로 들었다. 특히 논산과 포천을 오가다 보니 운전하는 시간이 많았는데 그동안에는 대부분 음성으로 관련 교육을 수강하였다. 또한, 좋은 내용의 강의는 내 것이 될 때까지 반복 수강하였는데 이때 들은 강의가 큰 도움이 되는 경우가 많았다. 농업교육포털 내 교육을 수강할 때 우선 작물강의, 작물재배개론, 토양학 등 원론적 이론 강의를 수강했다. 이후 ICT 환경복합제어 관련 교육, 선도농가 비법 교육, 세법 등 영농창업에 필요하다고 판단되는 교육에 대해 우선순위를 정하여 차례대로 이수해 나갔다.

계산해 보니 1년간 약 1,300시간에 달하는 교육을 받았다. 하루 평균 3시간 이상을 하루도 빠지지 않고 농업 교육을 들었다는 이야기다. 안정적으로 정착하여 성공하고 싶었기에 하루도 농업을 생각하지 않은 날이 없었다. 지금도 당시에 치열하게 받았던 교육이 안정적인 정착의 밑거름이 되었다고 생각한다.

포천딸기힐링팜은 창업 5년 차인 2023년도에 농림수산식품교육문화정보원으로부터 첨단 기술 공동실습장 및 현장실습 교육장(WPL)으로 지정이 되었다. WPL 교육장으로 지정된 덕에 농고, 농대, 예비 귀농자, 청년 등을 대상으로 농림축산식품부 인정 교육프로그램을 운영할 수 있게 되었다. 포천딸기힐링팜이 보유한 전문기술과 관련 경험 및 핵심 노하우를 예비 농업인에게 전수하여 농업인 양성에 최선을 다할 것이다.

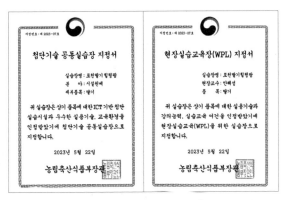

[농림축산식품부 교육장 인증서]

포천딸기힐링팜에서는 ICT 스마트팜 현장실습, 딸기 스마트팜 영농창업 A to Z 과정 (기초, 인큐베이팅 과정) 등 월 1회 이상 다양한 커리큘럼으로 교육을 선보일 예정이다. 더욱 자세한 교육 내용은 농업교육포털 및 유튜브 '안스팜티비' 채널에서 확인할 수 있다.

교육 신청 : https://agriedu.net/(농업교육포털)

농지매입부터
스마트팜 시공까지

포천딸기힐링팜의 농지매입부터 스마트팜 시공까지 그 과정을 소개하고자 한다. 이것이 정답이 될 수는 없겠지만 필자의 사례와 절차를 보고 도움은 받을 수 있을 것으로 생각한다.

↓ 농지매입

농지를 조성하는 단계는 매우 중요하다. 그래서 농지를 사기 전 오랫동안 현지답사를 하며 많은 시간을 투자했다. 창업 지역이 정해졌다면 최소 그 지역에 6개월 정도는 직접 가 봐야 한다. 주변 환경과 토양의 상태, 지하수, 계절별로 바뀌는 일조량, 희망 작물의 재배 현황 등 장기적으로 알아봐야 할 것들이 많다.

농지를 살 지역선정에 앞서 가장 먼저 했던 것은 바로 국내 지도를 보며 강남을 중심으로 반경 1시간 정도 거리에 있는 지역을 찾는 것이었다. 앞서 설명한 것처럼 영농창업 콘셉트가 도농복합지역 내에서 6차 산업과 교육농장이기 때문이다. 관심 있게 보던 후보 지역은 포천, 여주, 이천, 평택, 파주, 안성 등이 있었다. 각 지역의 작물 재배를 위한 특성에 대해 파악하고 주변 교통, 생활 인프라, 발전 가능성, 지원정책 등 많은 요소를 조사하기 시작했다.

농지검색을 할 때 네이버보다 밸류맵이라는 토지 실거래 정보 플랫폼을 자주 이용한다. 현 시세 분석 및 거래금액 그리고 토지 정보를 한눈에 들어오게 보여주는 유용한 플랫폼이기 때문이다. 2019년 당시에 밸류맵을 통해 경기도 전 지역의 수많은 농지를 찾아보았는데 아무리 찾아보아도 다른 지역 대비 농지 가격이 터무니없이 저렴한 곳이 있었다. 바로 포천이었다. 심지어 세종─포천(현 구리─포천) 간 고속도로 완공 이전에는 주변 농지가 10~15만 원이었다. 밸류맵을 통해 주변 시세를 분석하다 보니 유력 후보지인 영중면이라는 지역이 눈에 들어왔다. 이 지역은 강남에서 1시간 거리, 동서울에서는 45분 거리에 자리 잡고 있었다. 또한, 37호선인 전곡─영중 국도와 국내 최대 규모의 골프장 복합시설이 5분 이내 거리에 건설 중이었으며 38선 역사체험길, 세계 유네스코 등재와 같이 가시적으로 보이는 호재가 대단히 많았다. 지금 포천딸기힐링팜이 설립된 농지는 당시에 18만 원/평이었는데 가격도 굉장히 매력적이었다. 영농창업의 콘셉트와 사업의 방향성, 농지의 가치 등을 종합적으로 고려하여 포천 그리고 포천시 영중면이라는 지역을 선택하였다.

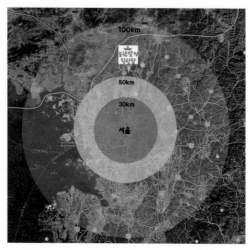

[강남에서 근거리 지역 탐색 지도]

포천딸기힐링팜 예정지의 모든 분석이 끝나고 2019년 6월 농지를 샀다. 농지는 매입 시기나 본인의 상황에 따라 취득세를 감면받을 수 있다. 여러 조건이 있는데 매입 시점에는 청년후계농에 선발되어 자격조건을 충족시켜 취득세 50%를 감면받을 수 있었다.

농업과 관련된 취득세 감면은 자경농민, 농업 법인, 기타 농업과 관련된 감면으로 나뉜다. 2년 이상 영농경영인, 후계농업 경영인, 농촌 외 지역에 거주하던 귀농인 대상자에 해당하는 사람이 경작을 목적으로 취득한 농지, 농업용 창고는 취득세와 등록면허세에 대한 50% 감면 혜택이 있다. 자경농민에 해당하는 일반 농업인, 청년후계농, 후계농은 지금 당장 토지를 매입했거나 창고를 취득했다면 등기권리증을 꺼내 보기를 바란다. 당시 정말 놀라웠던 일은 귀농한 지 20년이 지난 아버지도 취득한 4건의 농지 모두 취득세 감면을 받지 못했다는 것이다. 일반적인 농지나 창고를 취득할 때 취득세를 신고하면 공무원이 신청자의 자격을 일일이 신경 쓰기 힘들다. 농업인이 자격에 해당이 되면 감면 신청서를 작성해서 지자체 세정과에 제출을 하여 50%를 감면받아야 한다. 보통 이런 감면 제도를 잘 알고 있는 법무사를 통해 농지를 사는 경우는 법무사에서 감면된 취득세 신고를 해주기도 한다. 자격이 되어도 취득한 지 만 5년이 지나면 환급받을 수 있는 세금이 국고로 환수된다. 이번 일을 통해 친동생이 취득한 농지와 아버지가 취득한 농업용 창고의 취득세를 감면 받을 수 있었다. 다만 아버지가 취득한 농지 4건 중 가장 큰 1건은 감면 기준인 5년에서 3개월이 더 지나서 취득세를 돌려받지 못했다. 취득세 감면 자격을 충족하는 모든 농업인이 이 혜택을 받았으면 좋겠다는 마음으로 유튜브를 올린 적이 있었다. 영상을 올리고서 많은 사람들에게 연락을 받았다. 취득세 감면을 받았다고 연락이 온 것만 계산해도 그 금액이 무려 1억 원이 넘는다. 기성 농업인뿐만 아니라 청년후계농이나 후계농업경영인은 선발되는 즉시 자격조건을 충족하기 때문에 꼭 놓치지 말고 혜택을 받았으면 좋겠다.

농지를 매입한 후 가장 먼저 해야 할 것은 측량이다. 측량은 다시 말하기 입 아플 정도로 중요하다. 측량을 통해서 산 농지의 정확한 경계를 다시 확인할 수 있고 앞으로 주변 농업인이나 마을 주민과의 분쟁 또한 대비할 수 있다. 경계측량은 한국국토정보공사 - 지적측량바로처리센터(baro.lx.or.kr)에서 신청할 수 있다. 인터넷이 어렵다면 직접 지역 한국국토정보공사에 방문해서 신청할 수도 있다. 아직도 이해가 안 되는 부분이 있는데, 측량 수수료가 지나치게 비싸다는 점이다. 매입한 부지 약 2천 평을 경계측량하는데 약 2시간 정도를 측정하였고 총 380만 원이 들었다. 생각했던 것보다 훨씬 큰 금액이 나와 부담스러웠다. 측량 이후 새로운 사실들을 몇 가지 알게 되었는데, 그중 하나는 인근 무허가 건물이 내가 매입한 농지 일부를 침범한 것이다. 관련 일로 주민과 갈등을 겪어 많은 스트레스를 받았는데, 측량으로 벌어진 사건은 지역주민과의 갈등 및 애로사항을 다룬 부분에서 자세히 설명하겠다.

성토

매입한 농지가 논 혹은 밭이어도 고설 베드를 통한 수경재배를 위해서는 성토를 해야 한다. 성토는 농지법의 기준을 지켜야 하므로 관련 내용을 꼭 알고 있어야 하는데, 토지의 형질 변경에 해당하여 신고와 허가를 받아야 한다. 하지만 농업인은 농지법에 의해서 허가를 받지 않아도 성토를 할 수 있다. 바로 경작을 위한 성토는 대통령령으로 허가 없이 2m 미만으로 성토할 수 있다. 그러나 이 부분도 시군의 조례에 따라 달라질 수 있기 때문에 농지조성을 계획하고 있다면 사전에 공무원이나 관련 전문가와 꼭 상담하기를 추천한다.

힐링팜 부지는 1.5m 성토를 진행했다. 성토한 토사의 유실을 방지하기 위해 보강토 블록과 석축을 통해 지지했다. 이 또한 허가사항이 있는데 위성 사진으로 봤을 때 660㎡ 미만으로 공사해야 한다. 따라서 반드시 지자체 개발허가 담당 공무원과 사전에 확인하고 진행하기를 바란다.

평탄화 작업

성토한 농지는 평탄화를 하기 이전에 수개월 정도 비를 맞게 하여 성토 당시 생겼던 땅속 빈 공간의 다짐을 없애 주는 것이 좋다. 비를 많이 맞히지 않고 평탄화를 한 후 하우스를 짓게 되면 점점 땅이 파이거나 꺼지기 시작한다. 비가 오거나 방재를 하면 반드시 영향을 받기 때문이다. 농업을 시작하고 하우스 내부 곳곳에서 땅이 꺼지기 시작하면 농장주도 굉장한 스트레스를 받을 것이고 작물에도 좋은 영향을 줄 수 없다. 그렇지만 대부분은 농지를 산 해에 공사를 진행하는 경우가 많다. 힐링팜 부지 또한 성토 이후 공사 기간으로 비를 많이 맞게 하지 못했지만 이를 고려하는 것도 중요하다.

골조공사가 마무리된 후 바닥재를 공사하기 전 관수, 배관, 기둥, 시설 등 내부공사로 많은 양의 흙과 돌이 나온다. 1차적으로는 중장비를 이용한 후 2차적으로는 다짐기와 같은 휴대용 장비를 이용하여 바닥공사 주변을 확실하게 다짐을 해줘야 한다. 2차로 평탄화를 할 때는 혼자 다짐기와 끌대로 작업하여 한여름에 매우 힘들었던 기억이 난다. 골조나 벤치 시공을 할 때는 5~10명의 시공 기술자가 있는데 인건비를 따로 견적에 반영하여 작업을 진행하는 경우도 있어 고려해 볼 수 있는 사항이다.

농지 특성상 평탄화 작업을 할 때 트랙터, 롤러, 굴삭기와 같은 중장비를 이용해야 한다. 농지 규모에 따라 며칠이 걸릴지 모르는데 대부분 중장비를 보유하고 있지 않아 큰 부담으로 다가올 수 있다. 하루 대여료만 해도 수십만 원에 이른다. 그런데 농업인은 이 부담을 완화할 수 있는 제도의 혜택을 받을 수 있다. 지자체마다 농기계 임대사업소를 운영하는데 매우 저렴한 비용으로 농기계를 빌릴 수 있으니 평탄화 작업이 필요한 농업인은 도움이 될 것이다.

사실 성토공사 이후 평탄화 작업을 하는 와중에 힘 빠지는 실수를 했다. 온실 비닐 씌우는 작업 이전에 평탄화를 진행했는데 그 사이에 비 때문에 마사토가 엉망이 되어 작업이 원점이 된 것이다. 평탄화 작업을 위해 낸 45만 원은 가슴 아프지만, 수업료라고 생각하였다.

농지를 살 때도 농사를 지을 때도 가장 중요한 것 중 하나는 물이다. 우선 매입을 희망하는 농지 주변에 지하수 관정이 얼마나 많이 분포되어 있고 종류는 소공인지, 준공인지, 대공인지 등을 파악해야 한다. 이때 국가지하수정보센터(www.gims.go.kr)를 이용하면 국가에 신고한 지하수에 대한 모든 현황을 확인할 수 있다.

국가지하수정보센터에서 농지 주변의 지하수 관정 정보를 누르면 하루에 사용할 수 있는 최대 지하수 양이 나온다. 매입 예정지였던 포천딸기힐링팜 부지 주변의 지하수를 분석해 보았을 때 매입부지 인근에 지하수 2개 공이 존재했다. 하나는 소공(직경 50mm)이고 하나는 대공(직경 150mm)이었다. 쉽게 생각하면 소공은 건수, 대공은 암반수로 생각하면 된다. 힐링팜 주변의 대공 관정은 굴착 심도가 100m이고 하루 양수 능력이 약 35톤이었다. 대공 관정에서 양수 능력이 35톤이면 물이 풍부하지 않다고 판단할 수 있다. 명확한 기준은 없으나 경험상 대공 관정에서 최소 양수 능력이 100톤 정도는 되어야 주변에 물이 많이 있다고 볼 수 있다. 힐링팜 부지 내 지하수 개발 위치를 지하수정보센터를 통해 매입부지 인근의 지하 수량을 추측하고 주변 농가 지하수 관정과 최대한 거리를 두고 관정 개발을 했다. 그 결과, 다행히 지하 80m 정도에서 물이 나왔고 하루 양수 능력은 80톤으로 측정됐다. 이 정도면 딸기 약 4만 주를 재배하는 데에 충분했다.

힐링팜에 물이 가장 많이 들어가는 기준으로 4만 주가 주당 400mL를 필요로 한다고 가정하면 하루 최대 약 16톤이다. 수질 검사 결과는 pH7.8 / EC 0.3 정도였는데 pH가 너무 높았다. 딸기 재배를 위해 pH 조절이 불가피했기에 지하수 관정 개발이 끝나고 업체를 통해서 지하수 준공검사 및 신고를 진행했다.

지질전공자인 나는 이미 본 지역의 암은 매우 높게 형성돼 있고 균질한 화강암으로 되어 있는 것을 알고 있었다. 이런 균질한 암내 파쇄대라고 불리는 균열이 있는 공간을 만나게 되면 압력의 차이 때문에 지하수가 터져 나오는 것이다. 이것이 바로 암반수이다. 이 이야기가 자칫 지나치게 자세하다고 생각할 수 있겠지만, 본인이 관정을 개발하고자 하는 지역의 지질상태를 확인하는 것도 미리 암반수 성분 분석을 추정하는 방법의 하나다. 한국지질자원 연구원에서는 지오빅데이터플랫폼(data.kigam.re.kr)에서 전국 지질도를 제공해 주고 있다. 본인이 해당하는 지역의 암반수가 화강암에서 나오는지 혹은 현무암에서 나오는지 아니면 우리 지역 지하수는 왜 철 성분이 많이 검출되는지도 확인할 수 있다. 화강암 지역이라면 상대적으로 Na, K, Si 성분이 높을 것이고 상대적으로 맑은 지하수의 수원이 될 것이다. 대신 파쇄대 지역을 만나지 못하면 지하수를 단 한 방울도 보지 못할 수 있다. 그럼 현무암 지역은 어떨까? 빈 곳이 많은 암으로 지하수 보존이 상대적으로 높을 수 있다.

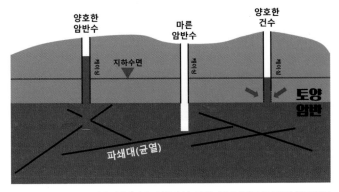

케이싱 : 관정 설치 시 관정 측벽의 암체나 퇴적물의 붕괴를 방지하기 위해서 공 내부에 영구적으로 설치하는 파이프

[지하수 관정 개발 개념도]

전기공사

하우스 시공 전에도 최소한의 전기 시설이 필요하다. 전동 드릴만 해도 충전이 없으면 온종일 사용할 수가 없기 때문이다. 또한 하우스 내부의 전기 장치나 기기의 전원과 모터가 작동하는 것도 확인하며 공사가 진행되어야 하므로 농업용 전기 신청 및 승압은 공사 이전에 신청하는 것이 좋다. 지역에 따라 다르겠지만, 공사 일정을 계획할 때 전기공사는 약 한 달 정도 기간을 가지고 여유롭게 진행해야 한다. 힐링팜은 골조공사가 시작되고 일정에 맞춰서 전기 승압을 신청해 골조가 완성되는 시점에 전기 설비가 들어올 수 있게 일정을 계획했다. 만약 여름에 시공한다면 기간도 잘 확인해야 한다. 하우스에 설치된 비닐은 온도에 민감한데 한여름에는 내부온도가 50도까지 올라간다. 이때 올라간

온도를 잡기 위해 환기창을 이용해야 하는데 전기 설비가 들어오지 않아 환기를 못 해준다면 비닐에 변형이 와서 찢어질 수도 있다. 따라서 하우스 시공의 일정에 맞춰 전기 공사를 꼭 사전에 진행해야 한다.

그렇다면 마련한 농지에 전기를 얼마나 승압할 것인지를 정해야 한다. 겨울 작물 같은 경우는 난방이 필요한데 최대의 전력 수요량을 계산해서 여유롭게 승압해야 한다. 힐링팜은 사전에 전기업체를 선정하여 필요한 만큼 대행업체를 통해 신청했다. 총 120kW를 승압했는데 전기안전관리사 선임기준인 74kW를 초과하여 현재 매달 전기안전관리사가 전기 점검을 하고 있다.

전기계약(농사용, 일반용)

최근 농사용 전기와 관련된 문제가 하나 있었다. 2023년 초 한국전력공사가 어떤 지역 농가에 농사용 전기를 부적절하게 사용했다는 이유로 위약금을 물게 하면서 지역사회에 큰 논란이 있었다. 저온 창고에 보관한 김치가 농산물이 아닌 가공품이라 계약 위반이라며 많게는 수백만 원의 위약금을 문 것이 화근이었다.

명확한 기준과 사전 안내도 없는 위약금 부과 과정에 지역 농업인들의 비판이 심했으나, 한국전력공사에 따르면 전기를 용도에 맞지 않게 사용하다 적발되면 사용했던 요금의 5~6년 치에 해당하는 위약금이 부과되는 경우가 많다고 한다. 다만 앞으로 이러한 혼란을 줄이고자 한국전력공사에서는 보다 정확한 제도

개선 개편안을 통해 합리적인 농사용 전기 가이드라인을 만들고 있다고 발표했다.

농사용 전기란 농업 분야에서 사용되는 전력을 말한다. 주로 농작물 생산 및 가공, 농업 기계 및 관수 시스템, 조명, 난방, 냉각 등 다양한 용도로 활용된다. 그 외 농장 내에서 사용하는 전기는 원칙적으로 일반 전기를 계약해서 사용해야 한다. 일반 전기와 농사용 전기는 사용 용도에 따라 목적과 특성이 다르게 나타난다.

	일반 전기	농사용 전기
용도 및 적용 분야	가정, 상업, 산업 등 다양한 분야에서 사용됨	농업 분야에서 사용됨. 농작업, 농기계, 관수, 시설물 등
전력 요구량 및 특성	안정적인 전력 공급이 주로 요구됨	계절적으로 다양한 작업이 필요하여 간헐적으로 높은 부하 발생
장비 및 시설물	가정용 전기 제품, 사무실 전자기기, 조명 등 사용	농기계, 관수 장치, 농장 내 시설물(냉장고, 조명, 보온 시스템 등)
환경적인 측면	에너지 효율성과 재생 에너지 사용이 강조됨	농업 생산 활동에 특화된 에너지 사용, 지속가능성 강조

따라서 6차 산업화 농업을 하는 농가에는 체험 및 서비스업을 운영하는 데 필요한 전기는 일반 전기로 계약해야 한다. 6차 산업화 농업을 하는 농가 중에는 1차 생산을 하다 지자체 지원 및 교육을 통해 부가가치 창출 목적으로 6차 산업화 농업으로 전환한 경우가 많다. 이런 농가는 기존에 사용하던 농사용 전기와 일

반 전기를 용도에 맞춰 재설계해야 한다. 현실적으로 농업인이 전기에 대한 부분을 용도에 맞게 세부적으로 설계하는 부분은 쉽지 않을 것이다. 하지만 위 내용을 참고하여 전기 사용 용도에 맞게 농사용 전기와 일반 전기를 나눠 사용하는 게 맞다. 추후 한국전력공사에서 농사용 전기 가이드라인이 만들어지면 한국전력공사 담당자와 상담을 통해 농장 내 전기를 구분해서 계약하길 권고하는 바이다.

∀ 하우스 시공업체 선정

이렇게 농지조성 단계가 지나면 하우스 시공업체를 선정해야 한다. 노지 농사가 아닌 시설을 이용한 창업을 한다면 농지 조성 단계 이전부터 시설 견적을 받고 업체를 선정해야 한다. 아는 만큼 절약하고 단가를 조정할 수 있기 때문에 업체를 선정하기 전에 힐링팜 설계를 스스로 해보았다. 사전에 얼마나 준비를 했느냐에 따라 수백에서 수천만 원까지도 절감할 수 있기 때문에 필수적인 부분이라고 생각한다. 어렵다고 느껴질 수 있지만 실제로 해보면 전혀 그렇지 않다.

시설에 대한 중요성을 위해 실제 사례를 설명하겠다. 힐링팜 실습생 중 포천딸기힐링팜에서 실습을 한 뒤, 현재는 전남 영암에서 성공적으로 정착한 영암딸기힐링팜이라는 스마트팜이 있다. 영암딸기힐링팜의 대표는 농대를 졸업하여 어느 정도 농업을 안다고 생각했지만 처음 가져온 견적을 보고 눈을 의심할 수밖에 없었다. 800평 규모의 1-2W 개량형 비닐 연동 하우스의 총 금액이 5억 원에 달했다. 2021년에 완공된 농장이지만 원자재가 더 오른 2022년 기준으로도 말이 안 되는 금액이었다. 영암 지역의 내재해형 온실 기둥 파이프는 기준이 2.3t인데 2.9t을 사용한 것처럼 군데군데 오버 스펙으로 견적을 받았던 것이다. 이렇게 과도한 견적을 모두 적정 기준으로 바꾸면서 최대한 시설을 저렴하고 안정적으로 지을 수 있는 업체를 연결해 주었다. 결과적으로 약 1.5억 이상을 절감하였고 더 저렴한 가격임에도 고설베드가 아닌 행잉거터 시설의 첨단 ICT 스마트팜 온실을 신축하였다.

포천딸기힐링팜은 농지가 확보되고 경계측량이 끝나자마자 온실 시공을 위한 정밀 계측을 진행하였다. 버려지는 땅 없이 최대한 효율적으로 시공하고자 했다. 농지에서 더 손댈 사항이 없다면 철저히 온실 시공에 집중해야 한다. 작물 재배를 위한 시설, 스마트팜 관제실, 6차 산업화 농업을 위한 공간 설계 등 고려해야 할 사항이 많기 때문이다. 먼저 본인이 추구하는 온실의 형태를 정해야 하는데 세부 재원에 대해 스스로 정하지 못하면 시공업체에 끌려갈 수밖에 없다. 온실 측고, 폭, 환기창 종류, 보온재 등 세부 재원을 정하면 비교견적 받기도 수월하다. 재원을 정하고 싶지만 온실 측고, 폭, 동 기둥, 간격 비닐의 종류 등 다양한 재원이 있기 때문에 무엇을 선택해야 하는지 어려울 수 있다. 포천딸기힐링팜을 시공할 때도 많은 도움을 받았으며 앞으로 많은 사람에게도 도움이 될 만한 홈페이지를 하나 소개하겠다. 한국농업시설협회(www.akaf.co.kr)란 사이트인데 온실 시설에 대한 견적 계약을 앞두고 꼭 참고할 만한 곳이다. 온실 시공능력평가 업체 리스트도 나와 있다. 업체 평가 점수 및 공사 건수도 있는데, 전적으로 이것만 믿지 말고 참고 수단으로 활용할 수 있다. 여기서 중요한 것은 내재해형 시방서다. 약 600페이지에 달하는 두꺼운 책이고 내용도 어렵게 느껴질 수 있는데 조금만 공부하면 전혀 어렵지 않다고 본다. 안스팜티비 채널에 직원들 대상으로 관련 내용에 대해 강의하는 영상을 참고하기 바란다.

처음 설계를 한다면 일정 수준 이상은 스스로 공부해야 한다. 최소한의 노력도 없이 창업 초기 비용 절감을 기대하면 안 된다. 특히 시설은 본인의 지식수준에 따라 비용이 압도적으로 절감되기 때문에 더욱더 공부해야 한다. 차를 산다고 가정해도 등급별 트림이 다르고, 연료가 다르고, 색깔이 다르고, 옵션 또한 천차만별이다. 이것저것 심사숙고를 하고 딜러에게 정보를 듣고 많은 대화를 한 이후 최종적으로 계약을 진행한다. 수천만 원짜리 차를 살 때도 이렇게 복잡한 프로세스를 거치는데 수억 원이 들어가는 하우스 견적을 받을 때도 최소한의 공부조차 안 하는 사람들이 많다는 것은 정말 안타까운 일이다. 영농창업 초기에는 막대한 투자비용이 들어가서 현금 흐름을 만들어내기가 쉽지 않고 매출을 급격하게 올리기도 어렵다. 따라서 시설을 지을 때 단 한 푼이라도 합리적인 선에서 낮출 수 있어야 한다.

단동/연동, 토경/고설, 고정식 베드/행잉베드 등 많은 시설 옵션 중 내가 하고자 하는 옵션을 정하고 세부 재원까지 모두 정했다면 그 시설에 대한 견적을 여러 업체에 요청해서 비교 견적을 확인한 후 업체를 선정해야 한다. 여기서 다시 하도를 주는 업체는 상대적으로 단가가 높고 유지보수 관리가 상대적으로 안 된다는 점을 유의했으면 좋겠다. 그리고 계약 이전에 시공사가 시공했던 온실에 방문해서 기존 농가의 이야기를 듣는 것도 좋다. 비닐 온실은 임시가설물이기에 사용하면서 정말 많은 AS가 필요하므로 유지보수가 매우 중요하기 때문이다.

포천딸기힐링팜을 시공하기 위해 10개가 넘는 시공사에 비교 견적을 냈다. 그리고 전국 최소 20개 이상의 표본 농가를 방문했었다. 그래서 지금은 견적만 봐도 시공사 마진율과 어느 항목에서 단가율을 올리고 내렸는지가 파악이 된다. 포천딸기힐링팜의 1,400평의 골조와 보온재를 포함한 시공비는 2020년 초 기준 1.9억 원이었다. 현재와 비교하면 원자재가 올랐지만, 당시 기준으로 굉장히 저렴하게 시공했다. 그때 지방업체로부터 동일 재원으로 받았던 견적은 약 2.6억으로 약 7천만 원~8천만 원 차이가 났다. 내부시설 또한 신경 쓸 것이 정말 많은데, 작물에 따라 시설이 달라지기도 한다. 딸기로 예를 들자면 양액기, 재배시설, 베드시설, 관수시설, 배관시설, ICT 환경복합제어시설, 관제시설, 방제시설, 난방시설, 선별장, 체험장 등 선택해야 하는 것들이 정말 많다. 이런 복잡한 시설을 모두 알아야 하기 때문에 영농창업은 특히 체계적인 교육과 준비가 필요하다는 것이다.

시행착오

2018년부터 2년을 준비하고 온실 시공을 하였지만 정말 많은 시행착오를 겪었다. 특히 턴키공사(전체 시설 일괄 시공)가 아닌 분리 발주를 통해 모든 공사에 대해 공사별 일정을 직접 관리했다. 이 때문에 업체 간 일정이 겹칠 때는 많은 애로사항이 있었다. 몇 가지 사례를 이야기하자면 베드시설을 공사할 때 기존 타업체에서 묻어 둔 배관을 고정핀으로 다 뚫어 버리는 사고가 있었다. 당시 근로자가 몽골 사람이었는데 업체 대표님이랑 커뮤니케이션이 되질 않아 실수한 것이었다. 그래서 양액기를 테스트할 때 바닥 전체가 물바다가 되었다. 힘들게 평탄화 작업을 해 났던 것이 물거품이 되는 순간이었다. 파이프가 박혀 있는 곳 주변은 침하가 오고 물이 고이는 곳은 움푹 패어 버렸다. 이뿐만이 아니다. 행잉베드를 시공할 때는 모터의 역회전으로 행잉거터가 떨어질 뻔하여 정말 큰 사고가 날 뻔했다. 또한 온실 내 다겹보온커튼을 예인해 주는 삼상 모터의 전선을 잘못 설치하여 모터가 역회전하는 바람에 온실 구조물이 파손되는 사고도 있었다. 양액기를 설치할 때도 삼상 전기를 잘못 설치하는 바람에 양액기 내 낙뢰방지 부품이 터져 버렸고 유동팬의 전선이 훼손되어 전기가 누전되는 등 총체적 난국이었다. 시설 관련 애로사항 및 문제점에 대해서만 나열해도 책 한 권이 나올 정도다. 이런 문제점이 발생한 원인은 단 한 가지다. 턴키공사가 아닌 전 공정 분리발주로 진행했기 때문이다. 물론 전체 시공비 차원에서는 큰 비용을 절감하긴 했지만 지금도 온실 내 여기저기에서 많은 문제가 발생하고 있다. 요즘은 하자, 호환 그리고 업체 간 책임 등 분리발주의 문제점이 고스란히 나타나고 있다. 지금 다시 시공할 수 있는 기회가 온다면 무조건 턴키공사를 진행할 것이다. 그리고 그동안 사업화를 위한 다른 준비에 더 집중할 거 같다.

추가적으로 설계 시 누구나 쉽고 유용하게 활용할 수 있는 홈페이지를 소개하고자 한다. 플로어플래너 (floorplanner.com)라는 사이트에서 가입을 진행하면 프로그램을 무료로 사용할 수 있다. 본인이 설계하고자 하는 온실의 실측 사이즈대로 도면을 그릴 수 있는 유용한 사이트이다. 평면도로 하우스 폭, 길이 등을 구현할 수 있으며 기계실, 작업장 등 실 사이즈로 온실 평면 설계가 가능하다. 매우 간단해 온실 평면 설계 시 사용해 보는 것을 추천한다. 설계한 설계도를 시공 담당자에게 보여준다면 본인이 구상하고 있는 온실 설계에 많은 도움이 될 것이다.

설계도 그리기

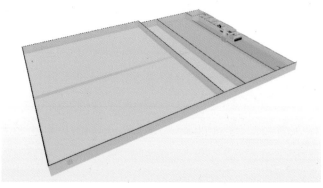

[포천딸기힐링팜 내부 3D설계도]

딸기를 재배하는 온실의 경우 난방은 필수 시설 중 하나이다. 외부 골조공사가 마무리된 후 난방공사를 진행했다. 시설 온실은 난방이 굉장히 중요하다. 난방에서도 최우선적으로 생각했던 부분은 효율이다. 난방시설은 난방에 따른 고정비 지출을 생각해야 한다. 투자비를 높이고 고정비를 낮추느냐, 투자비를 낮추고 고정비를 높이느냐로 고민을 많이 하는데 포천딸기힐링팜은 고정비를 낮추는 것을 선택했다.

에너지 효율을 최적화하고 넓은 공간에 딸기를 생육할 수 있는 적정 온도를 맞춰 줄 수 있는 시설을 도입했는데 바로 전기를 이용하는 팬코일 유닛(FCU) 난방시스템이다. 온수를 이용한 열교환 시스템으로 효율 면에서는 최고라고 생각한다. 북위 38도선에 위치한 포천시 영중면에서는 야간온도 8도 기준으로 1,400평 규모의 농장의 12~2월 총 난방비가 400만 원도 나오지 않았다. 북부인 포천 안에서도 추운 곳이라 영하 24도까지 내려가는데 이 정도면 제값을 하고도 남은 것이다.

난방 효율이 높았던 이유 중 하나는 보온재인 다겹보온커튼 및 에너지스크린이 적절한 타이밍에 제어를 해주었던 것이 컸다고 생각한다. 넓은 공간에 온도를 최대한 가두고 광량을 극대화하기 위해 많은 시도를 했다. 광센서에 일사량과 외부온도 기준으로 보온재를 여닫는 타이밍을 잡기 위해 노력했고, 수많은 시행착오를 통해 적정범위 조건을 찾을 수 있었다. 보온재도 많은 고민을 했다. 다겹보온커튼은 어떤 재질로 할지, 에너지스크린은 차광에 중점을 둘지 보온에 중점을 둘지 등 선택 옵션이 정말 많았다.

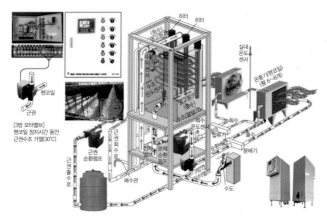

[포천딸기힐링팜 적용 난방기 개념도]

유동펜은 스마트팜 등 작물재배를 하는 시설에는 필수적인 장비 중 하나이다. 하지만 유동펜의 중요성을 잘 인지하지 못하고 업체에서 시공하는 대로 하는 경우가 많다. 그렇지만 이 유동펜은 공기 역학적인 부분들을 고려해 설치 위치, 용량 등을 정해야 한다. 유동펜의 역할은 공기순환 이외에도 온도 편차 감소, 작물 증산작용, 습도 조절 등 많은 기능을 하므로 굉장히 중요하게 봐야 한다. 농촌진흥청 연구결과에 따르면 유동펜을 설치했을 때와 설치하지 않았을 때의 온도 편차는 약 2.7도 이상이 난다고 한다. 유동팬 하나로 온도 편차를 3도 잡을 수 있다는 말이다. 유동팬은 온도 편차를 줄이는 동시에 작물의 증산작용을 활발하게 하고 습도를 잡아줄 수 있기에 가볍게 생각해서는 안 된다. 온실 내 유동팬이 몇 개나 들어가고 어떻게 설계를 해야 하고 어느 위치에 시공을 해야 하는지는 이미 많은 레퍼런스가 있고 농촌진흥청에서 연구한 결과가 있다. 힐링팜 설계 당시에도 농진청 CFD(유동해석) 결과를 참고하여 직접 시설 업체에 팬 용량 및 설치 위치 도면을 그려 주었다.

배관

배관 공사는 땅속으로 묻거나, 지상으로 노출해서 시공하는 경우로 나뉜다. 힐링팜은 배관을 땅속으로 묻어 시공했다. 땅속으로 배관이 들어가게 되는 공사는 무조건 기록을 남겨야 한다. 지금 힐링팜 공사 폴더에는 땅속을 파서 배관을 묻을 때의 영상과 사진 그리고 설계도가 보관되어 있다. 배관 공사를 할 때 양액관, 전기 배관, FCU 난방 배관 등 굉장히 복잡한 배관들이 지나가고 있기 때문에 정확한 위치를 파악해야 하기 때문이다. 앞서 언급했지만, 만약 고정핀 등 외부요인으로 인해 배관에 물리적 파손이 생겼을 때 돌이킬 수 없는 대공사가 될 수도 있다. 온실 마감 바닥재 시공을 할 때 근로자가 고정핀으로 배관을 건드려 새는 경우가 생각보다 흔하다. 힐링팜에서도 같은 사고가 발생했었는데 방수 바닥재 시공 후 배관에서 물이 새어 나와 멀쩡한 바닥재를 칼로 찢는 일이 있었다. 새 바닥재를 찢을 때 마음도 찢어지는 기분이었다. 방수 바닥재가 찢어져 있으면 물 분무, 농약 방제와 같은 농작업을 했을 때 물이 스며들며 지반침하 등 많은 문제가 발생한다. 지금도 찢어진 채로 물이 스며들고 있는데 이와 같은 실수는 반복되지 않아야 하고 발생 이후 후속 조치를 위해 기록은 꼭 남겨둬야 한다.

골조

골조시공은 전체 온실구축 사업비에서 가장 많은 비중을 차지한다. 따라서 업체선정 및 비교 견적을 잘해야 한다. 2019년도 힐링팜 시공을 위해 전국의 많은 골조 업체를 만났고 다양한 샘플 하우스를 보았다. 동일 제원이지만 가격 차이가 지역에 따라 몇천만 원씩 났다. 시공된 하우스를 봤을 때 시공품질 면에서는 크게 차이가 나지 않았고 세부 제원도 비슷했다. 온실 시공할 때 가장 우선시했던 부분은 AS였다. 내가 시공하고자 하는 온실 종류는 일반 연동하우스이다. 즉, 임시가설물이기 때문에 유리온실, 벤로식 고정식 온실과 비교하면 상대적으로 유지 보수가 많이 들어간다. 샘플 온실을 견학할 때마다 온실 농가대표님께 업체의 사후 관리에 대해 가장 많이 물어봤다. 그래서 최종 견적, AS, 시공능력평가, 시공실적 등 검토 끝에 업체를 선정했다. 특히 견적서 검토 시 파이프 제원은 잘 보고 넘어가야 한다. 25.4mm / 31.8mm / 60mm 등 목적에 따라 파이프 종류가 있고 같은 종류여도 파이프 내경 두께(1.5t, 2.1t, 2.3t 등)에 따라 온실 구조적 안정성 및 금액이 많이 달라질 수 있기 때문이다. 힐링팜 온실 재원은 측고 5m, 폭 7.5m, 동고 7.5m로 시공했다.

환기창

온실에서 환기창은 매우 중요하다. 연동온실의 환기창 형태는 권취식, 랙피니언식, 외몽골식, 몽골식 등 다양한 방식이 있다. 대부분 골조시공 시 같이 진행하는데 힐링팜은 랙피니언 방식을 선택했다. 이유는 두 가지이다. 첫 번째는 다른 형태의 환기창에 비해 빠른 속도로 외부 공기의 대부분이 온실 상류 천장을 통해 유입된다는 농진청 연구결과를 참고했다. 두 번째는, 랙피니언 방식은 비닐의 물리적 마찰이 없다는 점이다. 권취식 같은 경우 비닐을 돌돌 말아 올리는 방식이라 비닐의 물리성이 파괴되어 수년 안에 검게 변색이 된다. 결국 이는 광손실을 일으키게 된다. 하지만 랙피니언 방식은 랙기어가 위아래로 움직이기 때문에 비닐의 마찰이 전혀 발생하지 않는다. 이러한 이유로 랙피니언식 환기창을 선택했다.

보온자재(다겹보온커튼)

골조공사가 끝나고 내부 시설에 대한 공사를 할 때 다겹보온커튼 (5중) 시공도 진행됐다. 일반적으로 5중 다겹보온커튼은 마트 300/p폼/6온스/p폼/마트300 혹은 마트/부직포/4온스/부직포/

마트를 주로 사용하지만, 이용자가 선택할 수 있다. 재질도 마트, 비닐, 4온스, 6온스 등 선택할 수 있는 사항이 많다. 또한 골조 중방에 다겹보온커튼을 설치할 수 있는 공간을 3구간 정도 들어갈 수 있게끔 여유를 두면 좋다. 힐링팜 골조는 중방과 상보 사이를 약 90cm 여유를 두고 시공을 하게 되었다. 이유는 다겹보온커튼의 추가 시공을 고려한 것이다. 2020년도에는 예산 부족으로 5중 다겹보온커튼 한 장만 시공할 수밖에 없었다. 다음 해에 추가적인 농업에너지 효율화 사업을 통해 차광 55%, 보온 47%의 알루미늄스크린을 추가 설치하였는데 중방과 상보 사이 공간을 마련하지 않았다면 시공을 하지 못했을 것이다.

다겹보온커튼은 설치 방법도 다양하다. 하지만 대부분 업체에서 시공해 주는 대로 진행한다. 포천딸기힐링팜에는 권취식 방식과 상하이동식 방식으로 나눠서 시공했다. 이유는 광을 많이 받기 위해서다. 동, 남, 서향의 측창 커튼은 커튼을 열어줄 때 바닥 아래로 내려놓았다가 닫아줄 때는 바닥에 있는 커튼을 끌어올리는 상하방식으로 했다. 상하방식으로 해가 잘 들어오는 쪽에 시공하면 위에 말아져 있는 부분으로 광손실이 발생한다. 북쪽은 권취식인데 평소에는 위에 돌돌 말아서 상부에 매달려 있다가 보온을 할 때는 퍼져서 내려오는 방식이다. 북쪽은 해가 들어오지 않기 때문에 바닥으로 내려놓을 필요가 없다. 오히려 바닥으로 커튼을 내린다는 것은 계속 땅에 머물러 있기 때문에 더러워지는 동시에 곰팡이가 생길 가능성도 있어서 권취식이 유지 관리

면에서 상하식보다 유리하다. 그래서 상하식으로 설치한 동, 남, 서쪽 바닥에 방수매트를 시공하고 커튼을 설치했다. 한번 설계를 하고 시공을 하면 나중에 바꾸기가 힘드니 처음 설계를 할 때 디테일한 부분까지 신경써야 나중에 후회하지 않는다.

ICT 환경복합제어 시스템

이제 ICT 환경복합제어 시스템을 시공할 단계이다. 연동형 하우스와 ICT 스마트팜에 대한 이해만 있으면 간단하게 시설비를 줄일 수 있는 부분이 있다. 모터, 전원설비에서 나오는 모든 전선을 스마트팜 판넬에 연결하면 온실 내 모터와 전원 설비를 ICT 제어시스템을 통해 원격으로 작동할 수 있다. 일반적으로 연동 하우스 골조 시공 시 필수적으로 들어가는 천창, 측창, 보온재 등에도 제어 컨트롤 판넬이 들어간다. 하지만 ICT 환경복합제어를 설치할 때는 스마트 판넬을 도입할 것이기 때문에 제어 컨트롤 판넬을 갖출 필요가 없다. 한 패널로 연동형 하우스와 환경복합제어 모두 제어가 가능하기 때문이다. 일반적으로 골조 시공에 대해 견적을 받으면 제어컨트롤 판넬이 포함되어 있다. 본인이 ICT 환경복합제어 시스템을 도입하고자 한다면 골조 공사에서 컨트롤 판넬 공사를 제외하면 이중 투자를 막을 수 있다. 따라서 ICT 자동환경원격 시스템은 마지막 공사로 진행하는 것이 좋다.

힐링팜에 적용한 ICT 환경복합제어 시스템은 약 60개 채널로 되어 있다. 채널이란 원격으로 언제든지 제어가 가능한 옵션을 말한다. 제어를 위해서 기준이 되는 센서는 스무 개 이상 설치가 되어 있다. 센서 설치 위치는 농가에서 정해야 한다. 온실 내 환경을 대표할 수 있는 위치에 설치해야 하며, 가급적 외부로부터 영향을 받는 위치는 피해야 한다. 예를 들면 도로가 옆에 온실이 있다면 상대적으로 도로랑 먼 위치에 CO_2 측정기를 설치해야 한다. 차량으로 인해 CO_2가 높게 나타날 수 있기 때문이다. 처음에 설치 위치를 잘못 잡으면 농가에서 직접 변경하기 쉽지 않아서 신중하게 선택하는 것이 좋다. 또한 작물의 생육 관찰을 위해 pH, EC, 함수량 센서 등 배지환경 및 배액체크 관련 센서 설치도 필수적이다. 모든 전원부, 모터부에 대한 제어는 CCTV를 보면서 제어한다. 스마트팜에서 CCTV의 역할은 작물생육 관찰, 방범 등 다양하지만, 그중 가장 우선으로 고려하여 설치해야 하는 부분은 ICT 제어 시 작동하는 설비에 대해 사각지대를 없애야 한다는 것이다. 온실 내에 사용하는 AC/DC 모터는 부하가 많이 걸리는 모터가 대부분이다. 이 말은 혹시라도 다겹보온커튼을 말아 올리는데 옆에 있던 사람의 옷깃이라도 끼면 큰 사고가 발생할 수도 있다는 말이다. 인근 지역에서 유사 사례로 신체 일부가 절단되는 사고가 나기도 했다. 따라서 CCTV는 원격제어 대상인 모든 부분을 직관적으로 볼 수 있어야 한다. 힐링팜에서는 총 8대의 CCTV로 모든 시설을 볼 수 있게 설계해 놨다. 한 대는 틸트 카메라로 360도 제어가 가능한 카메라이다. 스마트팜을 운영하는 데에 여러모로 가성비가 좋다.

현재 국내에 도입되고 있는 스마트팜 시스템은 2세대 스마트팜이라고 한다. 힐링팜도 2세대 스마트팜 시스템이라 보면 된다. 2세대 스마트팜이란 인터넷 기반으로 언제 어디서든 작물 최적 생육을 위한 ICT 제어가 가능하고 초단위 혹은 분단위 센서, 제어 등 DATA가 외부 서버(아마존, MS 등)에 저장되는 시스템이다. 아직 완전 자동화 시스템인 AI 작물생육제어 시스템은 현실적으로 어려운 점이 많다. 단순 조건부로 복합제어가 가능하지만 자동화 시스템은 연구해야 할 부분이 많다. 농산업 분야에서 작물 최적 생육을 위한 재배 완전자동화 시스템 적용은 앞으로 많은 연구가 이루어져야 한다고 생각한다. 자동화 시스템은 변수 인자들의 관계가 단순해야 하는데, 예를 들어 자동차 자율주행을 보면 사람이 나오면 멈추게 하는 등 인자 간 조건이 단순하다. 작물 생육은 환경적, 유전적, 지형적 등 변수가 무수히 많다. 이에 대한 상관성 분석을 통한 최적의 재배시스템을 개발한다면 크게 성공할 것으로 생각한다.

무인방제기

무인방제기는 정말 많은 사람이 궁금해 하며 문의를 하였다. 1년을 사용해 본 결과 무인방제기는 온실 규모에 따라 매우 혁신적인 시설이라고 생각한다. 하지만 작물별로 어떤 병해충에 가장 신경 써야 하는지를 생각해 보고 우선적으로 관리해야 하는 병해충 특성에 대해 고려해 보아야 한다. 힐링팜의 주 작물은 딸기인데 딸기를 재배할 때 가장 많이 발생하고 잡기 힘든 병해충은 응애이다. 응애는 딸기의 엽면 뒤에서 증식하며 피해를 준다. 국내 시중에 많은 무인방제기가 있고, 다양한 업체의 제품을 사용해 봤지만, 대부분은 딸기 잎이 무성한 시기에 응애를 잡지 못했다. 힐링팜에서 실험해 본 결과, 응애가 서식하는 딸기 잎 뒤에 약제가 타격되는 면적이 평균 20%를 넘기지 못했다. 최근에 지속해서 연구개발이 되고 있으며 새로운 제품이 나오고 있긴 하지만 현재까지 경험에 의하면 딸기의 방제 목적으로 사용하기에는 무리가 있다고 판단했다. 당연히 장점도 있는데 조루 관주 및 습도를 높이기 위한 맹물 분사 등 온실 상황에 따라 유용하게 사용하기도 했다. 이처럼 본인이 하고자 하는 작물에 취약한 병해충 특성을 파악하고 무인방제 시설 설치를 결정해야 한다.

CO_2 발생기

CO_2 발생기는 화석연료를 연소시켜서 CO_2를 발생하는 시설이다. CO_2 발생기는 발생뿐만 아니라 저온기의 온도를 높여주는 난방 효과도 있다. CO_2는 작물의 탄소 동화작용을 촉진하고 광합성에 지배적인 역할을 하기 때문에 시설 재배를 하는 농가에 많이 도입되어 있다. 힐링팜에도 CO_2 발생기 3대를 설치했다. 설치 후 난방 기능도 있지만, 난방 목적으로는 절대 사용하지 않는다. 간혹 CO_2 발생기 작동 시 연료가 불완전 연소하면 가스장

애와 같은 작물에 큰 피해를 줄 수 있기 때문이다. 실제로 CO_2 발생기의 산소 흡입구가 비가 오며 물이 찬 적이 있었는데 불완전 연소를 하여 단 1분이라는 짧은 시간으로 작기를 그 자리에서 종료할 뻔했다. 따라서 상주해서 지켜보지 못하는 야간시간에는 절대 자동 가동을 하지 않는다. 새벽에 가온을 해주는 조조가온 시에도 CO_2 공급 용도로만 하루 10~15분 가동을 해주고 있다.

고품질의 딸기를 위해서는 CO_2 발생기가 반드시 필요하지만 이런 위험 때문에 지속적인 고민을 하고 있었다. 그러다 마침 정부에서 탄소 중립, 탄소 저감에 대한 관심이 많았고 CO_2 발생기를 대체할 수 있는 아이템을 아이디어 차원에서 고안해 보았다. CO_2 발생기를 통해 CO_2를 발생시키는 것이 아니라 탄소 배출원으로부터 포집된 탄소를 배송받아 농가에서 사용할 수 있는 플랫폼 시스템이다. 큐브 형태로 CO_2의 선순환적인 재사용을 한다는 의미에서 '그린큐브'라는 이름을 붙였다. 사소한 아이디어였는데 구체화를 하며 실제 사업의 타당성을 검토해 보았다. 결국 환경부 공모전에서 환경부장관상을 받아 많은 관심을 받았다. 워낙 대형 프로젝트라 현실적인 한계에 부딪혀 사업화까지는 진행하지 못했지만, 농업에서 불편함을 놓치지 않고 기록하고 구체화하여 사업화의 가능성을 보여준 사례라고 생각한다.

LED 보광등

온실 시공 마지막 이야기는 식물생장용 LED 보광등이다. 포천딸기힐링팜에도 설치가 되어 있으며 비가 오는 등의 이유로 일조량이 부족할 때 주로 사용하고 있다. 최근 LED 인공 광원이 식물공장과 같은 농장에 많이 보급되고 있는데 원리는 간단하다. 광합성에 도움이 되는 적색파장과 청색파장대만 작물에 비춰서 광합성을 도와주는 것이다. 큰 효과는 기대하지 않지만 무빙식 행잉거터 시스템을 적용했기 때문에 일조량이 부족했을 때 전구와 식물의 간격을 조정해서 최대한의 광량을 보광해 주고자 시공을 했다. 오랫동안 결과를 지켜보니 LED 보광등이 설치된 구간과 설치되지 않은 구간의 딸기 품질이 사실 크게 다르지 않았다고 생각한다.

LED 재배에서 뚜렷한 성과를 거두지는 못했지만 단순하게 설치를 해본 것은 아니었다. LED 설치를 위해서 프랑스 파리까지 간 적도 있기 때문이다. 2020년 1월 코로나가 심각하게 이슈화가 되고 있는 시점에 2박 3일간 파리와 런던에서 열린 세계 농업쇼에 참가했다. 당시에는 혁신적이라고 판단했고 직접 도입하여 그 결과를 확인해 보고 싶었다. 행잉거터 방식으로 토마토와 딸기를 재배하는 스마트팜 업체, LED로 컨테이너팜을 파리 시내에 보급하고 있는 식물공장 업체 등 사전에 조사했던 업체들을 모두 만났다. 지금 생각하니 결과가 크게 좋지는 않았지만 다양한 시도를 해보고자 노력했고 그와 같은 노력이 모여 지금의 힐링팜이 되었다고 생각한다.

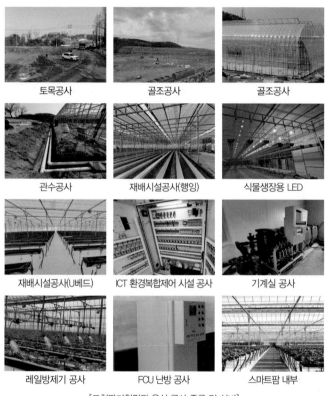

토목공사	골조공사	골조공사
관수공사	재배시설공사(행잉)	식물생장용 LED
재배시설공사(U베드)	ICT 환경복합제어 시설 공사	기계실 공사
레일방제기 공사	FCU 난방 공사	스마트팜 내부

[포천딸기힐링팜 온실 공사 종류 및 설비]

하이브리드 수직 재배 스마트팜

포천딸기힐링팜에 설치되었던 업앤다운 행잉거터 시스템은 2023년을 끝으로 시설을 철거했다. 약 240평의 농장 내에 설치되어 있던 시설을 전부 철거한다고 했을 때 처음에는 모두가 반대했다. 행잉거터에는 딸기를 약 15,000주 정도 재배하고 있었기 때문이다. 그럼에도 철거를 결정했던 가장 큰 이유는 효율이나 안전 문제가 아니라 바로 농장의 '수익성'이었다.

농장을 운영할 때 최우선 순위로 두는 것은 지속가능성이다. 여기서 지속가능성이라는 말의 의미는 내가 투입한 비용 대비 적절한 수익이 발생해서 계획대로 농장 운영을 한다는 의미다. 지속가능성을 최우선 순위로 둔 이유는 높은 인건비와 자재비 그리고 생산비 등과 같은 막대한 비용을 고려해야 하기 때문이다. 따라서 중대한 의사결정을 내릴 때는 1차 생산과 체험 서비스 비율을 정하고 분석해서 항상 최대 수익성을 만들어 낼 수 있는 구조를 생각한다. 행잉 거터를 철거하고 하이브리드 수직 재배 스마트팜 시스템을 도입한 것도 이와 같은 이유였다.

이를 따져보기 위해서는 우선 본인의 지역을 객관적으로 분석해야 한다. 예를 들어 힐링팜이 속해 있는 포천시는 도심지에서 접근성이 좋은 지리적 강점이 있고, 포천시와 주변 도시에 관광 요소가 많아 관광객 유치에 매우 유리한 입지를 가지고 있다. 따라서 포천시에서 농업을 하며 최대 효율을 달성하기 위해서는 1차 생산 확대보다 부가가치를 올릴 수 있는 체험 서비스 사업의 비율을 높이는 것이 적합하다고 판단했다. 그래서 체험 시설을 확장하기 위해 업앤다운 행잉거터 시스템을 전부 철거하기로 했다. 물론 기계적 결함 및 운영 효율 면이나 작물 재배 관점에서 기술적으로도 높은 점수를 주고 싶지 않았다. 시설을 철거한다고 했을 때 대부분 힘들게 고민했을 것으로 생각하겠지만, 객관적인 요소를 열거하고 비용 대비 수익을 판단하니 결정을 내리기까지 오랜 시간이 걸리지 않았다. 딸기 15,000주를 재배하여 6차 산업화 농업을 통해 창출되는 수익성에 대비해 15,000주를 포기하고 그 공간에서 다른 작물로 전환하여 부가가치를 올릴 수 있는 수익성을 비교했을 때 빠르게 답이 나왔기 때문이다.

그동안 6차 산업화 농업을 하며 연간 방문객, 객단가, 타겟층 등 고객 데이터를 분류해 둔 상태였다. 이를 통해 힐링팜에서 딸기를 15,000주 재배 생산하는 것보다 부가가치를 위한 농촌 체험이 압도적으로 수익성이 높다는 것을 데이터로 확인할 수 있었다. 더 고민할 필요 없이 체험 및 관광농원을 목적으로 농장을 다시 설계하기 시작했다. 딸기 전체 생산량의 1/3가량을 줄이며 발생하는 리스크에 대응하기 위해 더 많은 작물을 더 좁은 면적에서 재배할 수 있는 연구를 진행했다. 1년 동안 파일럿 연구소에서 수직농장 연구를 진행했고 결국 다음 그림과 같은 하이브리드 수직 스마트팜 시스템을 완성하였다.

[하이브리드 수직 스마트팜]

현재 하이브리드 수직 스마트팜은 특허 출원을 완료하여 내년 초 우선 심사를 통해 특허등록을 목표로 하고 있다. 또한, 2024년 라스베이거스 CES 유레카 관내에 수직 스마트팜 시스템을 포스터 전시할 예정이다.

↓ 시행착오 재점검

지금까지 포천딸기힐링팜의 농지매입부터 스마트팜 시공까지 전체적인 흐름을 이야기해 봤다. 시공을 하면서 겪었던 시행착오에 대해 다시 한 번 짚고 넘어가 보려 한다.

첫 번째, 온실 착공에 들어갔는데 그때까지도 농업용 전기를 신청하지 않았다. 온실을 시공하려면 최소한의 전기가 필요하다. 농업용 전기를 신청하는 것을 안일하게 생각했는데 결국 자재가 다 들어왔는데도 전기가 없어 공사 일정이 미뤄졌다.

두 번째, 공사 일정이다. 나의 일정에 맞춰 자재 들어오는 날과 착공일을 선정했다. 그런데 자재가 들어오고 나서 그 다음 날 비가 와버린 것이다. 5.5m 각파이프들은 비 때문에 진흙탕으로 범벅되었는데 이때 나의 실수로 2년 4개월이 지난 지금도 온실 내 기둥 파이프를 보면 흙이 잔뜩 묻어 있다.

세 번째, 평탄화 작업을 너무 급하게 진행했다. 골조 전에 굉장히 중요하게 생각하고 중장비를 두세 번 정도 불러 비싼 돈 들여 작업을 다 끝냈다. 하지만 문제는 온실 내부 시공을 할 때는 내부에 리프트가 다녀야 했고 심지어 배관공사를 하기 위해서는 굴삭기도 들어와야 했다. 결국 평탄화 작업이 의미가 없어졌고 같은 작업을 다시 해야 하는 사태가 발생했다. 재작업을 반복적으로 수행하는 시행착오를 겪으면서 돈도 돈이지만 일정이 지연되어 이후 공사와 계속 겹치는 불편한 상황이 반복됐다.

↓ 스마트팜 시공 전 인허가 체크

영농창업을 위해서는 반드시 농지가 확보되어야 하며, 사업 방향성에 맞는 농지 확보를 위해서는 농지법을 파악해 둬야 한다. 스마트팜은 앞에서 설명했듯이 온실 내 정보 통신 설비를 통한 자동화 시스템을 구축해야 한다. 즉 농지 안에 정보 통신 기기 설비 배치가 필수적이라는 뜻이다. 하지만 현행 농지법을 보면 농지 안에 스마트팜의 필수적 설비 요소인 제어 시스템, 관리 시스템 같은 정보 통신 기기를 설치할 수가 없다. 농지법에 따르면 농지에서는 어떠한 시설 배치도 하지 못하고 오로지 '작물 생산'만 가능한 상황이다. 그럼 용도 지역을 떠나 농지에서 스마트팜 신축을 하려면 어떤 부분을 확인해야 할까?

우선 농지법뿐만 아니라 건축법 등 관련 법령을 아주 면밀하게 검토해야 한다. 또 지역 조례에 따라 스마트팜 신축 설계 및 시공이 제한되는 지역도 있으니 농지 매입 전 꼼꼼히 검토하자.

농지를 매입하기 전에 스마트팜 가설계를 해 보자. 설계라고 해서 거창하게 들릴 수 있으나 절대 어려운 것이 아니다. 종이와 펜만 있으면 누구나 스마트팜 평면도를 그릴 수 있다. 이미 스마트팜 가설계에 관심이 있을 정도면 수많은 농가 견학 및 교육을 받았을 것이다. 본인이 배우고 경험했던 것들을 참고하여 평면도를 그려 보자. 아래 예시를 보며 본인이 구상하는 스마트팜 온실의 가설계를 하고 구간별 목적에 대해 작성해 보자.

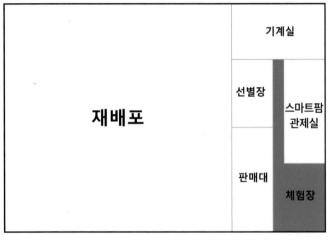

[온실 가설계 예시]

설계안을 그려 보면 작물 재배 공간과 정보 통신 기기 설비를 통한 스마트팜 관제실, 기계실, 선별장, 판매대, 체험장 그리고 사업 목적에 맞게 다양한 부대시설로 공간이 구분될 것이다. 위 내용을 가지고 농지를 매입하고자 하는 시·군 농지허가팀 등 지자체 허가 담당 부서의 자문을 얻어 스마트팜 시공이 가능한지 확인해야 한다.

유리온실과 같은 반 밀폐형 온실들은 보통 건축 허가가 난 이후에 지을 수 있다. 그래서 건축 허가를 통해 건설되는 스마트팜은 완공 후 문제의 소지가 전혀 없다. 하지만 대부분의 예비 농업인 및 청년 농업인이 정책 자금 내에서 현실적으로 시공할 수 있는 스마트팜 형태는 비닐(PO) 필름의 60~75각 파이프 비닐 온실이나 단동 온실이다. 비닐 온실은 위에서 언급한 유리온실과 같은 반 밀폐형 온실과 다르게 구분이 된다. 고정식 온실이 아니므로 인허가가 필요 없는 지장물로 신고 허가 없이 농지 안에 지을 수 있으나 이때 많은 문제가 발생한다는 것이 맹점이다.

가장 큰 문제점은 비닐 온실 스마트팜 안에 작물을 생산하기 위한 부대 시설(판매 공간, 관제실, 기계실, 선별실 등)에 대해 농지와 농업의 관계 시설로 인정을 해주지 않는다는 것이다. 따라서 인허가가 진행되지 않으면 스마트팜을 운영하기 위한 모든 부대 시설이 농지법에 위반되는 상황이다.

정부는 27년간 국정과제로 청년 농업인 3만 명 육성 및 스마트농업 30%화를 추진하고 있지만, 법이 이를 따라가지 못하고 있다. 위 문제점이 대두되고 있는 상황에 많은 농업인이 농업을 목적으로 하는 시설임에도 불구하고 막대한 피해를 보고 있다.

위 내용과 관련해서 2023년 국회의원 10명이 정식적으로 농지법 개선안을 발의하였다. 또한 2023년 12월 제안자 '농림축산식품해양수산위원장'으로부터 접수된 농지법 일부개정법률안에서 '나. 스마트작물재배사를 농지의 타용도 일시 사용 허가 대상으로 추가함(안 제36조 제1항 제5호 신설)' 내용이 가결되었다.

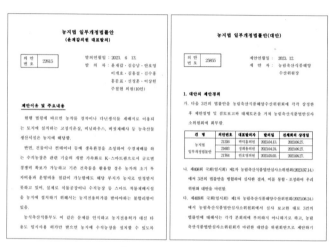

[농지법 일부개정법률안]

많은 지자체 및 기관 그리고 정부에서도 현재 청년농 육성, 스마트팜 보급, 스마트농업 확대, 6차 산업화 농업 확산을 통한 지역발전 등 다양한 정책을 기획 및 지원하고 있다. 하지만 농지법의 개정안이 없다면 결국 누군가의 민원 전화 한 통으로 스마트팜을 운영하는 농업인은 심각한 피해를 볼 수 있다.

이 같은 문제에 대해 정부에서도 지속해서 대안을 제시하고 있는데 스마트팜 안에서 작물 재배를 위한 시설을 설치하는 경우 해당 시설의 농지 입지 규제 완화를 촉진하고 있다.

∀ 농작물 재해보험

온실 시공이 끝나고 작물을 심게 되면 꼭 원예시설 농작물 재해보험에 가입해야 한다. 의무사항은 아니지만 강력하게 추천한다. 청년창업형 후계농업경영인에 선발된 인원들은 필수적으로 가입해야 한다. 원예시설 농작물 재해보험은 기상이변이나 지구온난화로 인한 홍수, 태풍 등 자연재해로부터 보호받을 수 있는 보험인데, 농업 자체가 변수가 많고 사업 소득도 굉장히 불안정하여 꼭 필요하다고 생각한다. 항상 자연재해를 대비해야 한다. 특히 태풍은 아무리 결속을 잘하고 하우스 내부에 압력을 조성하며 대비해도 경험한 바로는 막을 수가 없다.

아버지가 농업에 오래 종사하여서 보험의 중요성은 이미 잘 알고 있었다. 태풍 곤파스와 매미가 왔을 때 하우스 40~50동이 날아가는 것을 눈앞에서 보았기 때문이다. 보험이 없었다면 손실 복구는커녕 재기하지 못할 수도 있었다. 그래서 농장이 완공되자마자 보험 가입을 알아보니 비용은 760만 원 정도였다. 하지만 농작물 관련해서 원예시설 재해보험은 90% 가까이 보조를 받을 수 있다. 정부 보조 430만 원, 지자체 보조 260만 원을 받아서 자부담은 66만 원을 냈다. 약 3억 원 이상의 가치가 평가되는 온실임에도 60만 원대로 보험에 가입할 수 있으니 원예시설 농작물 재해보험은 꼭 가입하길 바란다. 보험 약관을 보면 하우스에 대한 감가율이나 시설물, 부대시설 등에 대한 감가율을 따져가며 손해액을 결정한다.

주민과의 갈등

    귀농과 영농창업을 준비한다면 주민과의 갈등 상황에 관해 많은 사례를 찾아보고 대처방안을 준비해야 한다. 많은 분들이 가장 두려워하는 것 중 하나인데 나 또한 치가 떨릴 정도로 갈등을 겪기도 하고 지인들에게서 듣기도 하여 다양한 사례를 직간접적으로 알게 되었다. 20년 정도 아버지 옆에서 농업 일을 도우며 겪은 갈등은 무수히 많기에 여기선 내 사례만 이야기할 것이다.

    주변에서는 아버지가 포천에서 오랫동안 농사를 지었는데 주민과의 갈등이 있었음을 의아하게 생각한다. 우선 아버지와 나의 농장은 상당한 거리가 있으며 부모님의 귀농 여부와 관계없이 언제 어디서나 갈등은 발생하기 마련이다. 내 사례를 통해 예비 농업인이 본인에게도 이런 갈등이 생겼을 때 대처할 만한 방안을 고민해 봐도 좋을 것으로 생각한다. 가장 크게 겪은 갈등은 2019년도 6월에 농지를 매입하고 2020년도 11월에 완공되기 전까지 정착 단계에서 발생했으며 어떻게 해결했는지 이야기하고자 한다.

∨ 경계측량

　농지 매입 후 토목공사 전에 먼저 해야 할 일이 경계측량이라고 앞에서 언급했다. 매입 후에 어떤 일이 발생할지 알 수 없으므로 경계측량을 하여 본인이 매입한 농지의 경계를 정확히 알고 있어야 한다. 또한, 농지 매입 후에 진행하는 경계측량은 민감한 사항이 굉장히 많다. 그래서 경계측량을 하는 날에는 꼭 인접한 땅이나 건물의 주인과 일정을 맞춰 같이 참관하는 것이 좋다.

　농지를 매입하고 경계측량 날짜가 나오자마자 부지와 인접한 농지 및 건물 소유주에게 참관 요청을 위해 연락을 했다. 모두가 참관하는 상황에서 경계측량은 진행됐다. 유튜브에도 올렸는데 경계측량하는 과정을 영상으로 남겨 다음에 경계 말뚝이 분실되었을 때를 대비하고자 했다. 하지만 경계측량을 진행하는 전체 과정을 담는 것은 불가능했다. 법적으로 허용되지 않는다는 이유였다. 정부 데이터를 사용하여 경계측량을 하는데 무슨 이유로 촬영이 금지되는지 아직까지도 이해가 되지 않는다. 촬영까지 거부당했는데 정부 데이터를 사용하는 경계측량에 수백만 원이 들어가는 것도 도통 이해가 가지 않았다. 어쨌든 영상 촬영은 하지 않고 사진으로 말뚝의 경계를 기록하던 중 우려하던 문제가 발생했는데 바로 인접한 농지 내 주택 모서리의 일부인 8평 정도가 내 땅으로 넘어와 있던 것이었다. 8평이라는 공간이 적게 느껴질 수도 있고 대수롭지 않게 생각할 수도 있다. 그러나 모서리가 넘어왔기 때문에 이 땅을 포기하고 온실을 짓는다면 포기해야 할 땅은

8평이 아니라 100평이 넘었다. 단순히 금전적으로 평당 40만 원(2022년 시세)씩만 계산하여도 4,000만 원이 넘는 땅을 버리게 되는 것이다. 하지만 더 심각한 문제는 따로 있었다. 바로 점유취득시효인데, 이것은 자주점유로 20년간 등기를 했거나 소유를 하면서 등기를 한 지 10년이 흐른 사실이 입증되면 점유취득시효가 인정되는 것이다. 즉, 내 땅에서 오랜 기간이 지나 점유취득시효가 인정되면 남의 땅이 되어버린다는 말이다. 즉각적으로 조치하기 위해 많은 대화가 오고 갔고 결국 집주인으로부터 모서리 부분을 절단하는 공사를 해주겠다는 약속을 받았다. 그런데 아무리 시간이 흘러도 공사를 하려는 시도조차 보이지 않았고 시간만 지나며 농지조성을 위한 토목공사 일정만 연기되고 있었다. 대화를 원했지만 연락이 되지 않았고 겨우 연락이 닿거나 마주쳤을 때는 화를 내며 회피할 뿐이었다. 시작부터 엄청난 스트레스를 받았는데 1~2년간 고생하며 농업을 준비했던 것과는 비교도 되지 않을 만큼 힘들었다. 갈등이 극한으로 치닫게 되어 내용증명까지 발송했지만 이마저도 어떠한 반응조차 보이지 않았다.

법적대응을 검토하며 알게 된 것인데 농업인은 1년에 2회에 한 해서 시청 소속 변호사의 법률 상담을 무료로 받을 수 있는 프로그램이 있었다. 법률 상담을 받으며 전체적인 사건을 검토하는데 변호사는 두말할 것도 없이 무조건 승소를 하니 바로 소장을 접수하라고 했다. 법적으로 가면 승소를 하는 것은 보장되어 있었지만 문제는 시간이었다. 이미 이런 상황이 지속되면서 시공이 미뤄지고 있었기 때문에 손해가 커지고 있었으며 관계 또한 파국으로 치닫고 있었다. 결국, 앞으로도 영농 생활을 하며 마주할 이웃이었기에 양보하기로 결정하였다. 그래서 2,000평으로 농지를 샀지만 온실은 1,400평밖에 짓지 못했다. 그러나 만약 법적으로 이어져 벽을 쌓고 지냈다면 현재 안정적인 정착은 꿈도 못 꾸었을 것이다. 결국 내 땅에 대한 권리는 찾지 못했지만, 현재 좋은 관계를 맺고 있고 안정적으로 정착했으니 된 것이라고 긍정적으로 생각하고 있다.

↓ 지하수

지하수도 굉장히 민감한 부분 중 하나이다. 농업을 하기 위해서는 물이 필수이기 때문에 농업용 지하수 관정 개발은 반드시 이루어져야 한다. 새롭게 정착하려는 예비 농업인이 지하수 관정 개발을 할 때 주변 농지의 기존 농업인이 반대하는 경우가 더러 있다. 이유는 새로 개발되는 지하수로 인해 본인이 사용하는 지하수가 마를 거라는 주장 때문이다. 이러한 주장이 틀린 것은 아니다. 세부 전공이 지하수 공학이기 때문에 자세히 아는 분야지만 어떤 이유를 대서 설득을 하든 중요하지 않다. 어찌됐든 반대하기 때문이다. 그럼에도 간단히 설명하자면 지하수 양수능력(하루 사용할 수 있는 양)은 개발 관정 직경 및 깊이 그리고 지반특성에 따라 천차만별이다. 그래서 사실 파보기 전까지 누구도 확신할 수 없다. 또한 지하수는 영향반경이 있는데 개발한 지하수에서 물을 퍼 올릴 때 영향을 주는 범위를 말한다. 이 역시 파보기 전까지는 모른다. 5m가 될 수도 50m가 될 수도 있다.

아니나 다를까 측량에 이어 지하수도 문제가 발생했다. 농지를 매입할 당시 계약서에 '농지 내 개발된 지하수 관정을 함께 인도한다'라고 명시하고 지하수 관정을 인도하는 조건으로 계약을 체결했다. 당연히 매입한 땅 안에 소공이 있고 관정에 대한 부분을 계약서에 명시해 놨기 때문에 우선 사용할 것이라고 계획하고 온실 설계에 반영했다. 하지만 앞서 경계측량에서 내 땅을 무단으로 점거한 주민이 오래전부터 모터를 넣고 이 관정마저 사용하고 있었다. 사실 내 농지를 매도한 전 주인이 몇 년 전에 돌아가셔서 농지 관리가 전혀 되지 않았던 것이 원인이었다. 어떤 이유든 지하수를 인도받기 위해 관정을 사용하고 있는 주민에게 내용을 설명했다. 하지만 당연하게도 원활히 진행될 리가 없었다. 오랫동안 지하수를 사용했기에 앞으로도 당연히 사용해야 한다고 말을 하는 것이다. 땅도 양보했는데 내 땅에 있는 지하수조차 사용하지 못하는 상황이 벌어졌다. 지하수 관정 개발 신고 서류도 나에게 있었고 계약서상에 지하수 관정을 인수하는 조건도 있어 서류상에는 전혀 문제될 것이 없었다. 그러나 주민은 예전부터 사용했던 지하수이기 때문에 절대 양보할 수 없다며 대화 자체를 거부하였다. 아예 설득 자체가 불가능한 상황이었다. 결국 빠른 공사와 타협을 위해 또다시 양보하며 새로운 지하수 관정을 개발하게 되었다. 분명 내 지하수 관정이지만 이마저도 갈등이 생길까 우려하여 반경을 기존 관정에서 최대로 멀리한 이격 거리 70m에서 개발을 진행했다. 이제 갈등이 끝났다고 생각할 수 있지만 지금부터가 시작이다. 앞서 설명한 것처럼 앞으로 이야기할 사례도 단 몇 개월 만에 동시다발적으로 발생한 사건이다.

∀ 토목공사 업체 선정

토목공사 업체를 선정하는데 왜 주민과 갈등이 생길까? 일반적으로 생각할 때 내가 내 공사를 진행하기 위해 업체를 선정하는데 인근 주민과 갈등이 생길 수 없는데 말이다.

우선 매입한 농지가 논이었기 때문에 딸기 수경재배를 위해서는 성토를 진행해야 했다. 그리고 성토를 하면 흙을 잡아주는 경계가 없었기 때문에 토사유실 방지를 위한 축석 또는 보강토블럭을 시공해야 했다. 그래서 매입한 농지 주변에 여러 토목공사 업체들과 보강토 업체, 석축 업체 등 다양한 공사 업체와 연락을 했고 비교 견적을 받았다. 그때 마을 주민 또한 지인이라며 업체를 소개해주어 그곳에서도 견적을 받았다. 나로서는 당연히 시공능력 및 단가 등을 복합적으로 판단해서 업체 선정을 하는 것이 타당했고 비교 분석을 통해 합리적인 업체를 선정했다. 여기서 생각지도 못한 문제가 발생했다. 공사 업체를 소개해준 마을 주민이 그 업체를 선정하지 않았다는 이유로 공사를 못 하게 막

아버렸기 때문이다. 계약 후 공사가 시작되는 날 온실 부지 입구에 승용차를 가로로 주차한 후 사이드 브레이크를 잠가 어떤 차도 진입하지 못하게 막아놓았다. 너무 황당해서 왜 차로 공사를 못 하게 막아놓았냐고 물으니 내 부지로 들어가는 입구의 아스팔트를 본인이 직접 공사했기 때문에 지나갈 권리가 없다고 대답한 것이었다. 당장 덤프트럭이 흙을 부어 성토를 해야 하는데 입구가 막혀 있어 공사하지 못하고 흙을 잔뜩 싣고 온 덤프트럭이 다시 돌아가게 되는 상황이 발생했다. 주민은 본인이 소개해준 업체를 선정하지 않았을 뿐만 아니라 본인과 사이가 좋지 않은 업체를 선정했다는 것에 대해 엄청난 불만을 품고 있었다. 당장 공사가 시작되어야 하는데 차를 뺄 생각조차 없어 보이고 바로 옆의 주민이라 경찰에 신고할 수도 없어 답답함이 이루 말할 수 없었다. 결국 차분하게 마음을 가라앉히고 직접 찾아가서 대화를 시도하였다. 소개해 준 업체와 선정한 업체는 견적이 무려 2천만 원 차이가 났으며 나와는 어떤 관계도 아니며 오로지 견적만 보고 선정한 것이라며 차근차근 설명해 나갔다. 처음에는 이해하지 못하다가 결국 받아들였는데 그 과정에서 공사가 또 일주일이 미뤄졌다. 그렇게 스트레스를 많이 받은 상황에서 공사를 겨우 시작했는데 시작하자마자 민원 신고를 받았다. 토목공사로 먼지가 나고 길이 더러워진다는 이유였다. 하지만 토목공사 전에 비산먼지신고, 살수차 배치 등 필수적인 조치를 다 취했음에도 이미 창업을 시작하기도 전에 주민의 곱지 않은 시선을 받았다.

↓ 내 농지를 가로지르는 길

나에게 땅을 매도한 주인은 농지를 전혀 관리하지 않았다. 관리 자체를 하지 않아 주변 농업인이 내 땅에 길을 만들고 당연하게 그 길을 사용하고 있었다. 심지어 그 옆에 길로 사용하는 부지가 있었지만 길 부지에서는 농사를 짓고 내 농지를 길로 만든 것이었다. 당연히 온실을 지어야 했기 때문에 길을 막아야 하는 상황이 왔다. 내 농지를 가로질러 가는 길을 허용한다면 다시 300평 이상을 사용하지 못한다. 많은 갈등 상황으로 지쳤지만 결국은 대화밖에 없었다. 농촌에서 갈등 부분을 해결하기 위해서는 기존에 거주하던 주민과 새로운 귀촌인이 합의점을 찾아야 한다. 이번에도 합의점을 찾지 못해 결국 양보하는 방향으로 한 가지 제안을 했다. 내 농지 안에 있는 길을 없애고 옆 농가가 이용할 수 있는 길을 만드는 비용 일부를 지원하겠다고 말했다. 당연히 내 권리고 내가 누려야 하는 것으로 생각할 수 있지만 농촌의 현실은 그렇게 녹록지 않다는 것을 명심해야 한다.

∨ 성토공사 후 공사 책임자 연락두절

농지 성토를 진행할 때는 토목업체를 선정하고 석축 공사도 포함해 공사를 잘 마무리한 후 잔금을 처리하고 아무런 문제없이 토목공사를 끝냈다. 그런데 토목공사가 끝나고 10일 정도 뒤에 눈을 의심할 만한 일이 벌어졌다. 농장 들어가는 입구 앞에 트럭한 대가 가로질러 막고 플래카드를 붙여 놓은 채 서 있던 것이었다. 플래카드에는 '돈 안 주면 이 차는 빼지 않겠다'라는 황당한 문구가 적혀 있었다. 모든 공사대금을 빠지지 않고 냈기에 황당하지 않을 수가 없었다. 그래서 트럭 플래카드 안에 있는 번호로 전화를 거니 토목공사 중 석축공사를 담당한 업체 대표님이 전화를 받았다. 계약했던 토목업체에서 성토공사는 직접 수행하고 축석시공에 대한 부분은 하도를 줬기 때문에 토목업체로부터 공사대금을 받아야 하는데 토목업체 측에서 연락을 끊어버린 것이다. 공사 대금을 받지 못해 내가 잘못하지 않은 것을 알면서도 답답한 마음에 찾아왔다고 말했다. 충분히 상황은 이해가 되지만 어쨌든 공사를 해야 하므로 차를 빼달라고 했지만, 그것만은 안 된다는 것이었다. 특히 이날은 한전 직원이 와서 지주를 설치하는 날이었기에 경찰까지 동원되었고, 공무집행방해까지 언급될 정도로 상황이 심각했다. 그럼에도 석축업체 대표님은 차를 뺄 생각이 없었다. 왜 나에게 이런 상황이 벌어졌는지 이해가 되지 않았고 화도 많이 났지만 돈을 못 받았다는 안타까움에 최대한 부드럽게 대화를 시도했다. 돈을 받을 수 있게 최대한 노력할 것이고 받을 때까지 지속해서 협조할 것이라는 이야기를 했다. 잠시 후 고민을 하더니 결국 다시 찾아와 사과를 한 후 차를 뺐다. 앞서 언급한 모든 사건이 토목공사를 착공하고 한 달 동안 벌어진 것이라 마음고생을 정말 많이 했다.

이외에도 사소한 갈등이 많았다. 인터넷 선이 본인의 농지 위로 지나간다는 이유로 트랙터로 끊어버리거나 시공을 못 하게 하려고 시공 장비인 불도저의 부품을 빼서 가지고 가버리기도 했고 전기를 끊어버리는 일도 비일비재했다. 열심히 준비한 그간 노력은 보이지 않을 만큼 농업을 당장에라도 그만두고 싶은 마음이었다. 하지만 인내심을 갖고 적응하며 살아남기 위해 대화하고 양보하며 문제를 해결하였고 지금은 모두와 잘 지내는 상황이다.

최근에는 포천딸기힐링팜에서 실습 과정을 마치고 철저히 준비하여 희망하는 지역으로 영농창업을 위해 들어간 청년에게 마을에서 발전기금으로 수천만 원을 요구한 사례도 있었다. 한두 푼이 아니었기에 발전기금을 내지 못하겠다고 거절했더니 토목공사를 못하게 농지를 막아버리겠다는 협박성 발언을 들었다고 한다. 울며 겨자 먹기로 발전기금을 내겠다고 하니 이번에는 마을 주민들의 생활을 핑계로 토목공사가 불가능할 수도 있다며 말을 바꾸는 것이었다. 결국 20대 중반의 이 청년은 눈물을 머금고 해당 지역을 포기하고 말았다. 몇 달이 지난 지금은 마음을 추스

르고 다시 농업에 도전하기 위해 지역선정부터 시작하는 첫 단계로 돌아갔다.

이 청년이 무엇을 할 수 있었을까? 실제로 농촌 갈등을 겪어보지 않은 사람들은 법대로 하면 되는 것 아니냐며 이해를 못 하겠다는 반응을 보이기도 한다. 하지만 정착하기도 전에 이런 일이 발생했는데 이를 공론화하고 이장과 적대 관계를 만들어 공사를 성공적으로 마무리했다고 한들 안정적으로 정착할 수 있었을까? 절차대로 진행한다고 하더라도 그 과정에서 겪는 정신적, 금전적 손해를 온전히 보상받기는 불가능에 가깝다. 또한, 설령 정착한다고 하더라도 결국 계속해서 마주쳤을 것이고 어떤 방법으로든 부딪혀 또 다른 갈등이 지속될 것이 자명하다. 이러한 상황이 지속된다면 청년 농업인 육성도, 농촌 활성화도 절대 불가능하다. 어느 누가 이런 불합리한 요구를 받아들이며 농촌에서 살아남을 수 있을까? 직접 농촌 갈등을 겪고 주변 사례를 듣다 보면 현재 귀농 정책에서 가장 중요한 것은 어쩌면 원주민과의 융화일지도 모른다는 생각이 든다.

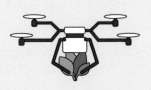

영농창업 안정적
정착을 위한 노하우

1장

농업은 창업이다

　안정적인 영농창업을 위한 나만의 노하우는 농업을 단순 농사가 아닌 창업으로 보는 시각이다. 그래서 농장이 아닌 스타트업이라 생각했고 스타트업이 받을 수 있는 정부 혜택을 최대한 활용했다. 현재 포천딸기힐링팜은 임직원 6명의 중소기업인증 업체로 운영되며 산업통상자원부 연구과제 참여 중소기업으로 농산업분야 업체로 지원한 상태이다. 또한 벤처인증, 기업부설연구소 등 일반 기업에서나 할 수 있다고 생각하는 여러 인증 및 사업에 참여할 예정이다. 처음부터 스타트업이라 생각하니 농림부보다는 중소기업벤처부를 찾아야 한다고 생각했다. 중소기업벤처부의 지원사업은 당연히 더욱 크고 다양했고, 나에게 맞는 사업을 지원했을 뿐 결코 특별하거나 대단한 것이 아니다.

> "농업을 농사가 아닌 창업으로 접근한다면,
> 할 수 있는 일은 10배가 많아지고, 기회는 100배가 많아질 것이다."

∀ 정부지원사업 분석

포천딸기힐링팜을 기획한 2019년 1월 가장 먼저 했던 일은 정부 지원사업 분석이다. 당시 청년이 창업을 할 경우 정부지원을 받을 수 있는 사업이 많이 있다는 것을 알고 있었다. 그래서 창업 관련된 정부지원사업 홈페이지를 알아보기 시작했다. 중소벤처기업부, 창업진흥원, 중소기업진흥공단, 기업마당, 지자체 창업지원센터 등 정말 많은 기관이 있었고, 모든 지원사업이 정리되어 올라오는 K-startup을 중심으로 분석했다. 사업화 자금, 즉 초기 창업을 하는 데 지원해 주는 부처별 예산이 정말 많았다. 오히려 농업분야의 지원사업이 아주 적다고 느껴질 정도였다. 당시 지원사업 분석 후 우선순위를 정하고 떨어지더라도 자격이 되고 사업목적에 맞는 정부사업에 계속 도전해야겠다고 마음을 먹었다. 지원사업의 우선순위는 예비창업패키지, 청년창업사관학교, 로컬크리에이터, 농식품벤처육성지원사업, 관련 기관 사업화자금(관광공사, 문화체육관광부, 콘텐츠진흥원 등)의 순으로 정했다. 우선순위는 일정 및 사업의 중복성 등을 파악해서 정했는데, 여기서 주의해야 하는 부분이 있다. 정부 주관의 사업화(창업 초기 자금) 지원사업은 공고문 첫 페이지의 사업 목적이 가장 중요하다. 예를 들면 예비창업패키지는 혁신적인 기술 창업이 목적에 포함되어 있다. 청년창업사관학교는 기술 창업 및 혁신적 아이템이라고 되어 있다. 기술 창업이 아닌 기업이 예비창업패키지를 통해 사업화 자금을 유치하는 것은 매우 어려워 보인다. 지침 목적에도 나와 있듯이 기술 창업 기업의 육성에 목적을 두고 있기 때문이다. 창업은 제조업 및 전문서비스업(전문, 과학, 기술 등), 지식서비스(IT융합-S/W컨텐츠/서비스) 분야의 창업을 말한다. 하지만 청년창업사관학교는 혁신적 아이템을 보유하고 있는 예비창업자도 사업화 자금을 받을 수 있다. 따라서 각 사업 목적에 맞춰 지원하는 것이 매우 중요하다. 포천딸기힐링팜은 2019년 5월 예비창업패키지 사업(1억)에 선정되었다. 그리고 세무바우처 사업(100만 원)과 특허 출원을 위한 IP나래 사업(1,000만 원)도 선정되었다. 지금까지 받은 정부 지원사업은 농업과 관계없이 창업하는 청년으로서 받은 것들이다.

∀ 농업, 청년 관점에서 지원사업

2019년도에 청년후계농 사업에 선정되어 3,240만 원의 정착 지원금을 확보했는데, 월 최대 100만 원씩 3년간 지원되는 정착 지원금은 영농창업에 많은 도움이 되었다. 또한, 낮은 금리의 3억 융자자금으로 포천딸기힐링팜의 농지를 샀으니 융자자금 역시 안정적으로 정착하는 데 큰 도움이 되었다. 대출을 진행할 당시 두 가지 옵션 중 하나를 선택해야 했다. 3억 융자자금에 대해 3년 거치 7년 상환 조건에서 고정 2% 금리 또는 변동금리 중 선택해야만 했다. 2019년 6월 기준 한국금리는 1.5%였다. 농협에서 상담받을 때 대부계 직원 과장님이 친절하게 설명해 주었는데 변동금리로 가게 된다면 일반 시중 금리에서 약 −2.0% 정도 절감된 금리로 적용되며 6개월마다 시세 반영이 된다는 것이다. 고민도 없이 변동금리를 선택했다. 고정금리를 선택하면 매년 내야 할 이자가 600만 원이었고 변동금리를 선택하면 당시 금리 기준 0.66%를 기준으로 약 200만 원이 넘어가지 않는 금액을 내는 것이었다. 또한 내가 계획한 투자비 회수 시간 5년 이내에는 변동금리가 2%대 이상 넘어가지 않으리라고 판단했다. 다행히 2021년 말 최근까지 0.66%대가 유지되고 있는 중이다. 앞으로 금리가 어떻게 움직일지 모르겠지만, 근 5년 이내에 3억 원금 상환을 목표로 한다. 2021년 말까지 0.66%가 유지되고 있었는데 고정금리를 했다면 2021년 기준 약 700만 원 손실이다.

농업 관련 보조사업도 받고 싶었지만 도저히 받을 수 있는 사업 자체가 없었다. 2019년도 경영체 등록을 기준으로 내가 받을 수 있는 농업보조사업에 대해 자세히 분석했다. 사실 창업 지원 사업과 달리 경력이 있어야 하는 사업이 대부분이었다. 당시 지자체 농업기술 센터에서 운영하는 농업대학에 재학 중이었다. 그래서 기술센터 관계자에게 자문을 구했지만 내가 받을 수 있는 사업은 없었다. 그래서 농림부 홈페이지와 기존 공고가 났던 사업들 역시 분석해 보았는데 신규농업인이 쉽게 받을 수 있는 사업은 극히 드물었다. 창업 사업화 자금은 예정자 대상으로 지원해 주는 사업이 대부분이지만 농업 관련 보조사업 혹은 시범사업은 예정자에게 주는 경우는 거의 없다고 봐야 한다. 하지만 사업 지침을 보다가 관심이 가는 사업이 있었는데 '수출전문 스마트팜 온실신축 사업'이었다. 지침을 보면 "구체적인 수출 계획을 바탕으로 스마트팜 온실을 운영하며 시설원에 작물을 재배·수출하고자 하는 신규농"이라고 명시되어 있는 것을 보고, 이 사업은 꼭 도전해 봐야겠다고 마음먹었다. 포천딸기힐링팜의 비즈니스 모델 중 하나가 바로 수출사업이었기 때문이다. 지자체 농업행정을 담당하는 부서를 찾아갔더니 이것은 신규 사업이었고 지원자가 지금까지 없었기 때문에 공무원조차 내용을 잘 모르고 있었다. 그래서 세종정부청사 농림부에서 관련 사업설명회를 하는데 같이 참관해 보자고 제안을 했다.

부서 팀장님께서 담당 공무원과 함께 다녀올 수 있도록 설명회 참여 신청을 해주셨다. 사업비가 상당히 큰 정부 지원사업을 통해 영농창업 준비단계에 초기 자본을 줄이는 것뿐만 아니라 판로 개척 등 여러모로 나에게 최고의 지원사업이라고 판단했다. 하지만 결과는 좋지 않았다. 농림부에 가서 담당 사무관과 지원사업에 대한 자격 조건을 검토했다. 자격은 되었지만 단순한 문제가 아니라는 것을 깨달았다. 국고 50%, 지방비 30%, 융자 30%, 자부담 20%의 사업인데 지방비 부분에서 지자체 예산에 대한 부분도 검토해 봐야 하는 부분이 많았다. 또한 본 사업에 지원했다가 떨어진다면 당시 시기가 겹쳤던 시설원예통합사업도 지원할 수 없었다. 결국 확률이 높은 시설원예통합사업을 지원하게 되었다. 세종시를 내려가는 당일 내가 참여하고자 했던 설명회는 '수출전문 스마트팜 온실신축 사업'에 관한 것이었지만 세종정부청사 농림부에 방문할 기회가 쉽게 오지 않을 것이라는 생각에 본 사업 이외에도 그동안 궁금했던 지원사업, 지원하고자 하는 지원사업 등 자료를 뽑아서 궁금한 내용을 정리해서 내려갔다. 마침 지자체 농업행정 담당 공무원도 동행했고, 아주 좋은 기회라 생각했다. 이런 노력을 통해 지원받을 수 있는 사업에 대해 완벽하게 확인받고 결국 지원사업을 받게 되었다.

여러분이 영농창업을 계획하고 있다면 이런 노력과 준비가 필요하다. 기회는 쉽게 찾아오지 않는다고 생각한다. 어떤 것을 준비해야 할지 모르겠다면 전년도 모든 지원사업에 대한 공고문을 다운로드해서 하루만 분석해 보면 답이 나온다.

↓ 정량적 스펙의 중요성

대부분 지원 서류에는 작성란이 있다. 이것은 결국 본인들이 평가받는 평가지이다. 항목들을 보면 공통으로 나오는 부분들이 있다. '경력, 교육수료, 자격증, 수상실적' 농업분야 지원사업은 사업 내용도 중요하지만 정량적 스펙이라고 말하는 교육수료, 자격증, 수상실적에 대한 평가를 높게 본다. 수상실적 같은 경우 전국 모든 지원사업에 가산점이 부여된다 해도 과언이 아니다. 정성적 평가는 글로써 본인의 역량을 표현할 수 있다. 하지만 정량적 평가는 없으면 0점인 것이다. 여기서 경력은 짧은 시간에 스펙을 업그레이드할 수 없다. 그러면 나머지 부분을 준비하는 동안 부족한 부분을 채워 나가면 된다. 따라서 여러분은 영농창업을 준비하며 정량적 스펙을 쌓아야 한다. 영농창업 관련 자격증은 '유기농업기능사'를 추천한다. 농업에 대한 전반적인 내용이 포함되어 있고 시험 횟수도 많아서 준비 단계에서 꼭 취득하기를 바란다. 청년창업형 후계농 지원사업에는 100점 만점 중 5점의 점수를 준다. 나아가 스펙에 관한 팁을 설명하고자 한다.

우선, 수상실적을 만들어라. 수상실적이라는 단어만 들어도 굉장히 어렵다고 생각할 수 있다. 나는 대학원 졸업 후 최우수 논문상 외 평생 살면서 상이라는 것을 받아 본 적이 없다. 이런 내가 어떻게 아래와 같은 상들을 받을 수 있었을까?

| 2019~2023년 수상실적 |

2019년 대통령직속 농어업농어촌특별위원회 "농정을 틀자" 장려상 – 대통령농특위원장상

2019년 농정원 혁신 대국민 아이디어 공모전 우수상 – 농정원장상

2019년 대한민국 농업박람회 영상경연대회 3위

2020년 농협·연합뉴스 주관 청년농민대상 수상 – 농협회장상, 연합뉴스사장상

2020년 제5회 농식품 아이디어 경연대회 우수상 – 농협회장상

2020년 청년 농산업 창업 아이디어 경연대회 우수상 – 농촌진흥청장상

2020년 도시농업박람회 스마트농업 영상공모전 최우수상

2020년 청년 농업인 영농 정착 우수사례 최우수상 – 농림부장관상

2021년 환경부 탄소 중립 대회 최우수상 – 환경부장관상

2021년 SK하이닉스 1억 공모 최종 12팀 선정

2022년 한국농업기술진흥원 아이디어 공모전 우수상 수상 – 농진원장상

2022년 중진공– ESG 경영우수 혁신사례 선정

2022년 농축산신문–2022 대한민국 농식품ESG 경영대상 수상 – 농축산신문사장상

2023년 농촌진흥청 국민 제도제안 선정–농촌진흥청장상

2023년 농식품공공데이터활용 경진대회 GPT플랫폼 우수상 – 농정원장상

2023년 스마트농업 활용 경진대회 대상 – 농협회장상

[2023년 스마트농업 활용 경진대회 대상–농협회장상]

절대 나라는 사람이 특별해서 받을 수 있었던 것이 아니다. 포천 딸기힐링팜에는 매달 2명의 실습생이 오고 3~6개월 단위 계약직, 정식 직원들이 있다. 이 친구들이 포천딸기힐링팜에서 근무하면서 받은 수상실적으로는 농촌진흥청장상, 환경부장관상, 교육부장관상, 농정원장상, 농협회장상 등이 있다. 대부분이 대학을 막 졸업했거나 사회초년생인 20대이기 때문에 다른 사람들도 노력하면 수상을 할 수 있다.

노하우를 공개하기 전에 왜 내가 수상실적을 만들라고 하는지 그것이 영농창업에 왜 도움이 되는지를 설명하고자 한다. 대부분의 공모전, 경진대회, 경연대회 등은 서류를 통해 1차 심사를 하고 PT 발표를 통해 2차 심사를 진행한다. 수상을 위해 진행하는 발표는 창업에 필요한 정부지원사업 예행연습을 할 수 있는 기회가 될 수 있다. 자료를 준비하고 발표를 해 나가면서 자신도 모르게 정부사업을 준비하는 태도 및 역량이 가파르게 올라갈 것이다. 공모전과 경진대회 지원 시 향상될 수 있는 역량을 총 4가지로 정리해 보았다.

첫째, 서류작성 역량이 길러진다. 공모전 및 대회 준비를 위해 서류작성을 해보면 대부분 지원 동기, 아이템 필요성, 기대효과 등 작성해야 하는 항목들이 비슷하다. 그리고 지침을 자세히 보면 평가지표 혹은 평가항목에 관한 내용도 대부분 비슷한데 정부지원사업도 마찬가지다. 결국 공모전, 경진대회 등을 위해 서류를 작성하는 횟수가 많아지다 보면 자연스럽게 사업계획서를 작성하는 능력이 올라가게 된다. 10개, 20개씩 계획서를 쓰다 보면 자신의 입장에서 작성하던 것이 점차 심사위원 입장에서 쓰는 스킬도 생기게 된다. 심사위원 입장에서 서류를 작성하는 관점을 갖는 것이 가장 중요한 부분이라고 생각한다. 모든 서류는 본인이 평가하는 것이 아니라 심사위원이 평가하는 것이기 때문이다. 또한 대회에 자주 도전하면 본인의 부족한 부분을 파악하기 쉽다. 처음 도전하는 대회에서 수상하기 위해 노력을 하라는 것이 아니라 떨어지면 부족한 부분을 보완해 나가면서 약점을 개선해 나갈 수 있기 때문이다. 대회에서 서류조차 통과하지 못했다면 아이템을 버리는 것이 아니라 왜 떨어졌는지를 꼭 분석하고 원인을 파악해야 한다. 예를 들면 A라는 아이템으로 창업경진대회에서 떨어졌다고 해 보자. 그러면 그 A라는 아이템이 사업 목적과 잘 맞았는지 계획서상 비즈니스 모델은 적정했는지, 자금조달 계획 및 로드맵 수립은 잘 되었는지 등을 분석해 봐야 한다. 대부분의 대회는 2차 PT를 라이브 공개를 통해 진행하는 경우가 많다. 본인이 떨어진 대회의 PT 평가를 공개한다면 꼭 시청해야 한다. 그래야 떨어진 이유도 알 수 있다. 떨어진 이유에 대해 분석이 가능해지면 본인도 모르는 사이에 사업계획서 작성 역량이 한층 올라갔다고 생각하면 된다. 이런 과정을 몇 번 경험하다 보면 정부지원사업 계획서 작성은 매우 쉬워진다. 특히 농산업분야의 정부지원사업 계획서는 타 산업군에 비해 간단한 경우가 많다. 내가 공모전 및 대회에 관련된 질문을 받으면 항상 하는 이야기가 있다. 아이템과 아이디어가 있다면 떨어지더라도 막무가내로 지원해 보라는 것이다. 지원하려면 결국 서류작성을 해야 한다. 처음부터 완벽하게 만들려고 하지 말고 뼈대를 만들고 살을 붙여나가는 식으로 계획서의 완성도를 높여야 한다. 탈락에 익숙해져야 하며 내가 10개 이상의 상을 수상하면서 결과가 아니라 얼마나 많은 대회에서 떨어졌을지 그 과정을 생각해 봐야 한다. 그 결과 속에서 자신의 역량이 올라간 것을 깨달을 수 있기 때문이다.

둘째, 발표능력이 향상된다. 발표능력은 내가 가장 자신 있어 하는 부분이다. 대학원에선 무수히 많은 발표 기회가 있는데 그때마다 잘한다는 평을 많이 받았다. 대기업 연구원 시절에도 PT 발표를 통해 좋은 평가를 많이 받았다. 하지만 학부 시절만 해도 발표를 할 기회가 적었고, 적은 기회 속에서도 긴장과 두려움으로 인해 제대로 해냈던 적이 없었다. 이런 긴장과 두려움을 극복하고 발표능력을 한순간에 업그레이드한 마인드 세팅 방법이 있다. 바로 자신감이다. 발표는 내가 오랜 시간 동안 준비해온 내용이기 때문에 청자 중에서 나보다 잘 아는 사람은 없을 것이라 생각했다. 발표가 끝나도 질문을 두려워하지 않았고 몰라도 아는 척, 알면 더 아는 척하며 자신감만큼은 잃지 않기 위해 노력했다. 또한 자신감을 갖기 위해서는 심사위원은 오늘 보고 안 볼 사람이니 긴장할 필요가 없다고 인지하는 동시에 발표 내용을 120% 이상 완벽하게 숙지해야 한다.

발표 자료를 만드는 것 자체를 어렵게 느낄 수도 있다. 여기서 발표 자료는 심사위원 입장에서 직관적으로 만들어야 한다. 보이지도 않는 글자, 의미 없는 문장 등 발표 자료를 처음 보는 사람이 짧은 시간 안에 인지할 수 없는 내용은 넣으면 안 된다. 발표 자료의 생명은 가시성이 좋은 내용 전달력이다. 심사위원이 읽게 하면 안 된다. 눈으로 이해하게 하여야 한다.

셋째, 합격하는 방법을 알게 된다. A라는 아이템으로 공모전에서 탈락하고 보완해서 다른 대회에 참가하여 입상하게 된다면 많은 역량이 올라갈 것이다. 이유는 간단한데, 떨어진 이유를 알아챈 순간 더는 떨어진 것이 아니다. 이유를 알고 개선한다면 떨어질 이유가 없게 되는 것이고, 결국 합격의 가능성이 전과는 비교도 되지 않을 만큼 완성도가 올라갈 것이다.

넷째, 사업 선정 경쟁력이 올라간다. 앞선 과정을 통해 전국단위 경진대회 수상실적을 가지게 된다면 앞으로 영농창업을 하면서 정말 많은 도움이 될 것이다. 앞서 이야기했지만, 대부분의 지원서류에는 수상실적을 작성하게 되어 있다. 이는 정량적 평가 변별력에서 매우 결정적인 역할을 할 수 있다. 중소벤처기업부에서 지원하는 모든 사업화 자금 서류에는 전국단위 경진대회의 수상경력 가산점을 최대 2점까지 부여한다. 포천딸기힐링팜은 이미 수상경력을 3개 보유하고 있기에 사업화 자금 지원에 가산점을 2점이나 받고 시작한다. 시작부터 경쟁자보다 한발 앞서 있다는 것을 의미한다. 이뿐만 아니라 농식품벤처기업육성 사업도 마찬가지로 가산점을 부여하고 있다. 또한 농업 관련 모든 지원사업도 수상실적을 작성하게 되어 있는데, 평가지표에 가점 항목이 없더라도 수상실적이 있다면 비슷한 경쟁자보다 높은 평가를 받는 기회가 될 수 있다. 그리고 수상실적은 유효기간이 있는 것이 아니라 평생 이력에 남는 것이니 영농창업을 준비하는 동안 꼭 도전하길 추천한다.

2장

사업확장을 위한 핵심 노하우

↓ 나만의 공모전 & 경진대회 핵심 노하우

공모전과 경진대회에 참여하는 데 있어 도움이 될 만한 핵심
노하우를 공개하겠다.

2019	2020	2021	2022	2023
ICT,4차혁명, 드론 IOT	비대면, 원격제어, 무인화, 자동화	탄소 중립, 환경, 탄소저감, CO_2포집 가상현실, 메타버스	ESG, 친환경 기술	AI, 지능형, 인공지능 로봇, GPT

위 표가 나만의 핵심 노하우이다. 지금부터 공개하는 것을 공
모전, 경진대회뿐만 아니라 창업 사업화 자금, 투자유치, 농업
분야 보조사업, 시범사업, 정부 연구과제 등에 적용이 가능하다.
2021년도에 수많은 강의를 다니면서 표 안에 있는 내용에 대한
퀴즈를 항상 냈다. 수백 명 중 딱 한 명이 '탄소중립'을 외치며 정

답을 맞혔는데 그 주인공은 고등학생이었다. 표가 의미하는 것은 바로 시대 트렌드가 되는 핵심 키워드이다.

핵심 키워드가 왜 핵심 노하우가 되는 것일까? 정부에서는 공모전, 경진대회, 경연대회, R&D 등을 통해 사회문제 해결을 위한 아이디어 및 아이템을 발굴하고 연구개발을 통해 상용화하는 경우가 대부분이다. 2021년 테슬라 CEO인 일론 머스크가 1,000억의 상금을 내건 탄소 포집 기술 공모전이 이슈가 되었는데 이와 같은 맥락이다. 2021년도는 전 세계적으로 환경이 주 아이템이었다. 대기 중 CO_2 농도가 역사상 최고치를 기록하게 되었다. 세계 각국이 장기저탄소발전전략(LEDS)을 발표하며 탄소중립을 선언하고 있는 상황에서 한국 정부 또한 2050년 탄소중립 로드맵을 발표하며 기술개발 및 연구 지원 등 생태계 변화의 신호탄이 되었다. 2021년도에는 과장되게 말하면 사업계획서에 탄소중립 관련 아이템만 들어가면 서류는 프리패스일 정도였다. 탄소중립에 대해 이슈화가 되면서 정부 주관의 많은 경진대회가 나오는 것을 놓치지 않았다. 포천딸기힐링팜 직원과 함께 기획해 환경부에서 주관하는 공공데이터활용 창업 경진대회에 탄소중립과 농업에 관한 아이디어로 참가하였다. 단순히 1등을 했다는 것이 아니라, 무엇보다 의미가 있었던 것은 약 200개의 환경 관련 업체가 참여한 환경부 주관 대회에서 농업회사가 1등을 했다는 것이다. 그 이후, 수상한 탄소중립 아이템을 통해 4개의 큰 대회에 서류통과를 했는데, 그만큼 2021년에 탄소저감에 대한 아이템이 주목을 받았다는 것이다. 꼭 탄소저감을 하는 기계 설비 등 어려운 아이템을 만들라는 것이 아니다. 본인이 생각하고 있던 A라는 아이템이 있다면 당시 주목받는 기술 및 이슈 등을 접목해 아이템을 기획하라는 것이다. 별거 아니지만 같은 아이템이어도 심사위원은 이런 키워드가 들어가 있는 사업계획서를 더 집중해서 볼 수밖에 없다.

아래 포천딸기힐링팜에서 수상한 아이템을 소개할 테니 핵심을 찾아보기를 바란다.

2019년 드론과 이미지 프로세싱 기술을 활용한 병해충 예찰 시스템

2020년 비대면 무인자판기, 비대면 농산물 직거래 플랫폼

2021년 탄소포집 기술을 이용한 플랫폼 서비스 개발

2022년 ESG, 친환경 기술

2023년 AI, 지능형, 인공지능 로봇, GPT

2024년 핵심 키워드 = ?

[환경부 공공데이터 활용 창업경진대회 최우수상 작품 : 그린큐브]

⩔ 마케팅의 중요성

포천딸기힐링팜을 처음 설립할 때 마케팅에 대해 무수히 많은 고민을 했다. 대표적인 마케팅 수단은 영상 기반의 유튜브와 SNS 기반의 페이스북, 인스타그램, 블로그, 네이버 밴드 등이 있다. 영상을 촬영해야 하는 유튜브는 일반인들이 쉽게 접근하지 못한다. 하지만 최근 콘텐츠 트렌드 대부분이 영상 콘텐츠라서 유튜브가 가장 효과가 좋을 것이라고 생각했다. 그렇지만 모든 사람에게 유튜브를 적극 추천하고 싶지는 않다. 직접 해보니 꽤 많은 시간과 노력 그리고 인내심이 필요하기 때문이다. 유튜브를 시작하고 구독자 1,000명까지 수개월이 걸렸다. 그리고 현재(2023년 12월 기준) 약 1만 8천 명의 구독자를 보유하고 있으며 올린 영상 수는 250개가 넘는다. 내가 했던 방법이 옳은 방법이고 자랑할 만큼 큰 채널이라고 생각하지는 않지만 확실한 것은 이 채널을 위해 엄청난 노력과 시간이 투입되었다는 것이다.

유튜브를 시작하기 전, 매주 한 편씩 농업을 준비하는 분들께 도움이 될 만한 영상을 올리자고 스스로 목표를 정했다. 영농창업을 하면서 꾸준하게 영상을 올리는 것이 생각보다 힘들었지만 현재 1만 명이 넘는 구독자가 생겼고, 농업 관련 행사에 가면 많이 알아봐 주시기에 감사할 따름이다. 유튜브를 시작하기로 마음먹었다면 자체 수익은 기대하지 않는 것이 좋다. 안스팜 채널의 유튜브 수익만 봐도 월 10만 원 정도로 적은 금액에 속하기 때문이다. 하지만 채널 운영을 즐기면서 꾸준히 영상을 올리며 구독자와 소통하게 되면 분명 예상치 못한 일들이 일어날 수 있다. 포천딸기힐링팜도 유튜브를 통해 사업적으로 많은 변화가 일어났다. 해외에서 컨설팅 요청이 오고, 싱가포르 국영방송 CNA 촬영을 진행하였고, 일본 전역에 기사가 나갈 정도로 많은 관심을 받았다. 또한 정부연구과제, 수출, 스카우트 제의 등 많은 문의와 제안을 받았고 실제 성사되는 일도 많았다. 출판 제의를 받아 이렇게 집필하는 것도 유튜브 덕분이다. 채용도 유튜브를 통해 큰 도움을 받았다. 채용 공고를 내면 전국의 똑똑하고 비전 있는 수많은 청년이 지원했기 때문이다. 따라서 농업을 준비하는 청년 농업인은 힘든 길이겠지만 꼭 한번 도전해 보기를 바란다. 물론 팬이 생기는 만큼 안티도 생길 것이니 각오는 해야 한다!

SNS 마케팅은 무작정 시작하는 것보다 사용자 특성에 맞게 전략적으로 접근해야 한다. 많은 SNS 중에서 포천딸기힐링팜은 페이스북과 인스타그램을 선정하였다. 페이스북은 판매 목적으로 농장을 마케팅하는 것이 아닌 내 성과와 농장의 가치를 알리는 방식으로 이용했다. 연령대 자체가 인스타그램에 비해 높고 사회적인 위치가 있는 분들이 주로 사용하는 채널이기 때문이다. 따라서 처음부터 대상을 농업 관련 공무원, 지자체 공무원, 농업 관련 기관, 지자체 기관으로 잡았다. 가장 먼저 농림부장관님, 농촌진흥청장님, 농정원장님, 포천시장님께 친구 추가를 했고, 이분들과 친구를 맺고 있는 분들 또한 전부 친구 추가를 했다. 청년 농업인으로서 농업을 하면서 나의 활동, 내가 기여하고 있는 바, 도전하고 있는 부분을 계속하여 페이스북에 올리고 이와 관련된 분들께 나의 가치를 조금씩 어필했다. 페이스북에 농업 관련 글을 올리면 이에 대한 고견과 생산적인 피드백을 많이 받았다. 딸기를 판매하고 고객을 유치하는 것을 넘어 농업에 대한 가치관이 많이 다듬어지고 한 차원 높은 미래를 바라보는 식견을 갖게 되었다. 물론 페이스북으로 농장 홍보 효과를 얻기도 했다. 꾸준히 이런 방법을 이용한다면 본인의 지역 그리고 농업 관련된 사람들과 같은 목표가 있는 친구 등 관련 인프라를 구축하는 데 도움이 될 것이다.

인스타그램은 타 SNS와 비교하면 상대적으로 연령대가 낮다는 특징이 있다. 체험 프로그램을 예약하는 고객 대부분은 연령대가 낮아서 인스타그램이 부가 가치가 높은 체험 프로그램을 홍보하는 데 가장 적합한 채널이라고 생각한다. 2023년 12월 기준, 광고업체에 의뢰하거나 유료 홍보를 해본 적 없이 오로지 개인 홍보만으로 실수요 팔로워 약 1만 명을 달성했다. 꾸준히 농장 이야기를 올리며 잠재 고객에게 농장을 알렸고, 많은 고객분들이 진심을 알아봤다고 생각한다. 2022년 포천딸기힐링팜은 주말 17주 연속 매진 기록을 세웠다. 하루 약 50가족 예약을 받았으니 '17주 × 2일 × 50가족 × 3.5명 = 약 6천 명'이 주말에만 방문한 것이다. 주중까지 계산한다면 만 명 이상의 고객이 방문한 것이니 정말 많은 고객이 다녀갔다고 할 수 있다. 이런 전략적 마케팅이 없었다면 이룰 수 없는 수치라고 생각한다. 주말 이틀 전 예약률이 저조할 때 실수요자가 있는 인스타그램에 글을 올리면 순식간에 매진된다. 인스타그램이 이제는 포천딸기힐링팜 매출에 매우 큰 비중을 차지하는 홍보 수단이 되었다. 여러분도 지금 SNS를 하고 있다면 타깃층을 정했는지, 목적에 맞게 친구를 맺었는지, 규칙성은 있는지를 고려해 보는 것이 좋다.

↓ 상호의 중요성

지금 네이버에서 포천딸기만 검색해도 포천딸기힐링팜이 검색 키워드로 가장 먼저 잡히는 것을 볼 수 있다. 이것이 농장의 상호를 포천딸기힐링팜으로 정한 이유이다. 상호에도 마케팅 전략이 들어가 있다. 영농준비를 하며 많은 곳에서 입상하고 관련 내용이 언론을 통해 기사화될 때 내가 운영하고 있는 농장의 상호명을 넣게 되어 있다. 특정 지역에 놀러 가면서 그 지역 내에 있는 딸기 농장을 검색한다면 대부분 ○○딸기라고 검색하지 ○○농장이라고 검색하지 않는다. ○○딸기라고 검색했을 때 검색 키워드와 가장 유사한 농장 관련된 글이 나오면 우선적으로 검색되기 때문에 지역과 작물을 먼저 넣는 방식으로 상호를 정했다. 포천딸기힐링팜의 협력 농장인 천안딸기힐링팜도 마찬가지다. 천안딸기를 검색하면 가장 먼저 노출이 된다. 아울러 포천만 검색해도 나의 성과가 기사화된 내용을 지자체 공무원이 확인할 수 도 있다는 것이다. 그러면서 나의 가치를 올리는 것으로도 활용 할 수 있다. 단, 내가 만든 힐링팜 브랜드는 상표등록이 힘들다. 하지만 이제 전국 어디서나 힐링팜이라고 하면 포천딸기힐링팜 을 생각하는 사람이 많아졌다. 천안딸기힐링팜, 영암딸기힐링팜 등 계속해서 전국에 힐링팜 패밀리가 늘어나고 있다. 현재 수출 및 계약 재배, 기업 간 MOU 체결 등 전국에 있는 힐링팜 패밀리 단위로 계약을 추진하고 있다. 이것이 나의 마케팅 전략 중 하나 이다.

∀ 실패를 줄여 나가는 방법 : 영농일지

내가 가장 중요하게 생각하는 부분 중 하나가 기록이기 때문에 영농일지를 매일 작성하는 것을 원칙으로 정했다. 다른 산업군 보다 농업에서의 기록은 그 의미가 더욱 크다고 생각하기 때문이 다. 그래서 영농일지를 단 하루도 빠지지 않고 작성하였고, 힐링 팜에서 일어나는 모든 일을 전산화하여 엑셀에 저장하고 있다. 어느 시기에 병해충이 나타나면 왜 나타났는지 원인을 파악해야 하는데, 기록이 없으면 원인을 찾기가 힘들다. 이때 영농일지 기 록을 보면 하루 전, 일주일 전, 한 달 전 등 모든 과거에 대한 정 보를 볼 수 있다. 또한 온실 내 환경자료, 방제기록, 작물상태 등 농장 운영에 대한 모든 정보를 파악할 수 있다. 작물을 재배하는 방법이 틀려서 작기를 망칠 수도 있다. 기록이 있으면 같은 실수를 반복하지 않는다. 하지만 기록이 없다면 어떤 원인으로 작물이 잘못된 것인지 파악하기 힘들다. 힐링팜에서 매일 꾸준하게 작성하고 있는 영농일지는 창업 이후 모든 것들이 담겨 있다. 이 기록이 훗날 큰 자산이 될 것이라 생각한다.

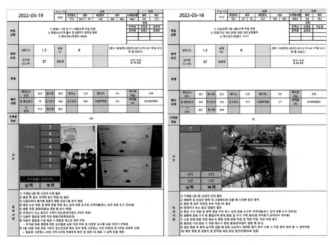

[포천딸기힐링팜 영농일지 전산화 내용]

↓ 포천딸기힐링팜에서 운영하고 있는 교육사업

힐링팜은 현재 6차 산업에 기반한 비즈니스 모델을 가지고 있다. 농업을 활용한 교육사업을 작물재배 다음으로 큰 비중을 두며 사업영역을 확대해 나가고 있다. 지금까지 협약을 맺은 교육사업은 다음과 같다.

교육사업을 영농창업 비즈니스 모델 중 하나로 생각한다면 아래 사업들을 참고해 보자.

- 경남 스마트팜보육생 영농창업 강의
- 스마트팜보육생 실습장 운영
- 서울대 경기창업준비 농장 강의 및 컨설팅
- 충남대 영농창업특성화사업단 강의 및 실습장 운영
- 연암대 영농창업특성화사업단 강의 및 실습장 운영
- 농식품벤처창업인턴제 인턴 실습장 운영
- 농협 청년농부사관학교 실습장 운영
- ICT스마트팜 재직자 전문 강의
- 청년후계농 필수교육 강의
- 우수후계농 필수교육 강의
- 농정원 청년귀농장기교육생 현장 특강 및 견학지 운영
- 지자체 청년 4H 대상 영농창업 특강 진행
- 농업 특성화고 학습 주도형 체험 프로그램 진행
- 경기도 8대 체험처 교육장 운영(미래, 자연, 과학)
- 포천시 우리동네 학습처 운영
- 포천딸기힐링팜 자체 청년농업인 육성사업(50명/년)
- 귀농닥터 현장 실습장 운영(20명/년)
- 현장실습교육장(WPL) 운영
- 첨단온실 공동 실습장 운영

교육사업 내용을 보면 교육을 통한 매출이 상당하다고 판단할 수 있지만 절대 그렇지 않다. 청년농업인 육성사업 및 귀농자 컨설팅은 재능기부 차원에서 진행하고 있고 오히려 실습비를 자부담으로 지원한다. 강의 및 컨설팅 비용은 전체 매출의 10% 미만이다. 교육사업은 내가 잘하는 일이고, 하고 싶은 일이기에 매출에 많은 비중을 차지하지는 않지만 새로운 사람들을 알아가고, 같은 목적이 있으며 공감대가 있는 인맥을 구축해 나가는 것이 더 큰 자산이라고 생각한다. 금전적 가치로 비교할 수 없을 정도로 소중한 인연이기에 큰 만족감을 느낀다. 지금은 전국 어디를 가도 힐링팜 멤버들이 농업을 하고 있어 보람과 뿌듯함을 느끼며 감사하게 생각하고 있다.

[포천딸기힐링팜 청년들]

∨ 스마트팜을 활용한 6차 산업화 부가 가치 창출 사례

이제 농업을 농산업 분야의 창업으로 접근하자. 농업에 4차 혁명 기술이 도입되고 6차 산업화 농업(1차 생산, 2차 가공, 3차 서비스)이 활성화되면서 농업의 수익원이 매우 다양해졌다. 그중 스마트팜을 수단으로 3차 교육 서비스로 수익구조를 가져간 사례에 대해 공유하겠다.

먼저 돈을 벌기 위해서는 타깃층이 명확해야 한다. 그래야 마케팅 효과를 극대화할 수 있기 때문이다. 6차 산업화 농업을 하는 딸기 스마트팜에서 가장 큰 매출을 낼 수 있는 소비자는 유치원이나 어린이집이 아니다. 체험 예산이 확보되어 있으면서, 정해진 예산을 소진해야 하므로 단가를 협상하지 않는 초, 중, 고 체험 활동이다.

경기도는 초중고 학생들의 외부 체험활동을 위한 8대 체험 프로그램이 있다. 과학, 미래, 역사, 문화 등 8개의 분야에 대한 체험 학습을 할 수 있는 외부활동 프로그램이다. 이 체험 프로그램을 접하고 명확한 수익모델이 떠올라 '초중고 대상 학습주도형 스마트팜 현장 체험'을 기획했다. 경기도 초중고 대상의 8대 체험 프로그램은 목적이 명확하다. 바로 '학습주도형' 체험이어야 한다는 것이다. 단순히 학생들이 단순히 먹고 즐기는 것이 아닌 8대 체험 분야 내 학습이 될 만한 프로그램이 있어야 한다는 것이다. 이를 토대로 전략을 구상하다 보니 현재 초중고 교과 과정에 포함된 4차 혁명 기술(BIG DATA, AI, ICT 등)과 스마트팜의 방향성이 일치한다고 생각했다. 실제로 스마트팜은 4차 산업의 최전선에 서 있으며 관련된 스마트 기술을 활용하여 현장에서 활용하고 있기 때문이다. 스마트팜을 교육적 요소로 체험 프로그램을 개발하여 학생들에게 단순히 먹고 즐기는 딸기 농장이 아닌 자연, 과학, 미래 분야의 학습이 가능한 첨단 ICT 스마트팜 교육 서비스를 제공하는 것으로 가닥을 잡았다. 초등학교 저학년이라도 ICT 첨단기술과 스마트팜의 원리에 대해 완벽히 이해하는 것이 프로그램의 기획 의도였다.

2023년 4월 딸기 가격이 내려가는 시점에 경기도 내 초중고를 대상으로 위 내용에 대해 홍보했고, 경기도 양주 소재의 한 학교를 시작으로 5월까지 20개 이상의 학교를 대상으로 프로그램을 운영했다. 선생님을 포함한 관계자의 반응이 생각했던 것보다 더 뜨거웠다. 입소문을 통해 경기도 내 초등학교, 중학교 교장 선생님 약 150명을 대상으로 특강 시연을 진행하기도 했다.

위 사례를 통해 스마트팜을 도입한 농가는 농업을 교육 분야와 접목하여 새로운 수익모델을 다양한 방법으로 만들 수 있으리라 생각한다. 교육뿐만 아니라 관광, 역사, 문화, 콘텐츠 등 다양한 분야를 본인이 계획하고 있는 농업의 비즈니스 모델과 접목하면 무궁무진할 만큼 다양한 프로그램과 새로운 비즈니스가 탄생할 것이다.

↓ 농장에서 벤처기업으로 도약

포천딸기힐링팜은 스타트업으로 출발했다. 남들이 보기에는 그저 딸기를 키우는 널리고 널린 스마트팜 중의 하나라고 생각할 수 있지만 사실 힐링팜은 2022년에 정식으로 인증을 받은 '벤처기업'이다. 벤처기업 선정 이후 인건비 지원 사업 등 많은 지원 사업의 혜택을 받았다.

벤처기업 인증제도는 기술혁신, 경제 성장 및 일자리 창출을 촉진하기 위해 특정 조건을 충족하는 기업에 대해 정부가 인증을 부여하는 제도이다. 벤처기업 기준으로는 기업 규모, 기술혁신 및 연구개발(R&D), 자금조달, 벤처기업 산업 분류가 있다. 벤처기업 유형별로는 벤처투자유형, 연구개발유형, 혁신성장유형, 예비벤처유형이 있다.

포천딸기힐링팜은 기술의 혁신성과 사업의 성장성이 우수한 것으로 평가받아 혁신성장유형으로 인증받게 되었다. 단순히 운으로 선정된 것이 아니라 전략적으로 접근한 결과다.

농업을 하면서 지속적인 특허 출원 및 연구개발 등 다양한 활동을 통한 정량적 성과를 만들어 냈는데 이러한 성과들이 모여 벤처기업 인증을 위한 기본 자격을 만들었고 일정 기준을 넘어 벤처인증 혁신성장유형으로 선정이 될 수 있었다.

벤처인증을 받게 되면 아래와 같이 정말 많은 혜택이 있다.

혜택 분류	간략한 설명
세제 혜택	소득세 및 법인세 감면
금융 지원	자금 지원 기회 증가, 저리 대출 및 투자 지원
정부 연구개발(R&D) 지원	R&D 프로젝트 참여 기회 제공, 기술 혁신 지원
조달 시장 접근 용이	정부 조달 시장 우선 접근 및 구매 대상
행정적 지원	인허가 및 행정 절차 우대
기술 및 사업화 지원	기술 개발 및 시장 진출 지원
네트워킹 및 멘토링 기회	네트워킹 및 멘토링 프로그램 참여
해외 진출 지원	해외 시장 진출 프로그램 참여

[포천딸기힐링팜 벤처기업확인서]

여기에 안주하지 않고 현재는 애그테크(AgTech) 법인화를 추진하고 있다. 몇 년 전부터 포천딸기힐링팜은 '플랫폼 신사업 기획 – 비즈니스 모델 확장 – 기업화 및 글로벌 진출'과 같은 프로세스로 중장기 계획을 세우고 있으며 새로운 비즈니스 확장을 계획하고 있다. 작물생산, 작물생육 시스템 개발, 귀농 및 영농창업 컨설팅, 영농창업 A to Z 플랫폼 개발, 스마트 온실 설계 및 시공, K-스마트팜 관련 R&D, 기술 수출, 농산물 생산망 구축 등 다양한 BM 확장을 준비하고 있다.

[포천딸기힐링팜 비즈니스 모델]

✓ 청년창업자라면 받을 수 있는 100만 원 바우처

6차 산업(1차 생산, 2차 가공, 3차 체험 및 서비스 등)을 하는 농가는 과세 대상의 상품들이 있을 수 있다. 따라서 종합소득세나 부가세 신고를 해야만 한다. 기존에 사업을 하지 않았던 사람은 세금 관련된 업무를 직접 하기가 힘들다. 따라서 전문가에게 의뢰하는 것이 사업에 집중하기 좋다. 그렇다면 세무대리인을 선임해야 하는데, 국가에서 지원받는 방법이 있다. '창업기업지원서비스 바우처(세무 · 회계 부문)'라는 사업으로, 선정되면 100만 원씩 바우처를 받을 수 있다. 이것 또한 창업지원포털사이트(www.k-startup.go.kr)에서 신청이 가능하다. 2021년 기준 대기 인원만 5천 명이 넘어, 3시간 만에 선정을 받았다. 서둘러 신청하는 것이 좋다. 만약 대상자로 선정된다면 1년 동안 100만

원을 세무 혹은 회계 관련된 자금으로 쓸 수 있다.

∨ 특허지원 제도를 활용해라

농업은 우리나라 전체 산업 분야에서 가장 특허가 많은 산업이다. 즉, 아이디어만 있으면 현장에 쉽게 적용할 수 있고, 사소한 아이디어도 큰 도움이 될 수 있다는 것을 의미한다. 포천딸기힐링팜 창업 이후 지금까지 총 2건의 특허를 출원하였고 현재도 추가로 2건을 준비하고 있다. 지식재산권에 해당하는 특허는 창업 초기 단계에서 매우 중요한 역할을 한다. 중소기업벤처부 사업화 자금 지원 시에 가산점이 부여되고 벤처인증에도 도움을 받을 수 있다. 심사위원에게 사업에 대한 열의와 자세를 어필할 수 있는 정량적인 지표가 될 수 있기에 농업인이라면 생각하고 있는 아이디어를 특허로 출원해 보는 것을 추천한다. 그렇지만 아이디어가 있어도 특허 출원을 진행할 때 비용이 많이 들기 때문에 엄두가 안 난다고 이야기를 하는 사람이 많다. 그러나 정부에서는 창업 활성화를 위해 생각보다 더 많은 지원을 해주고 있다. 당연히 예비 창업자라면 특허도 창업에 필요한 활동이기 때문에 국가에서 지원을 받을 수 있다. 도움을 받을 수 있는 기관은 지역지식재산센터(www2.ripc.org)와 한국농업기술진흥원(www.koat.or.kr)이다. 두 기관에서 특허와 관련된 사업을 지원하기 때문에 관심 있는 사람은 유용하게 이용할 수 있다. 포천딸기힐링팜 또한 2022년 민간 우수기술 사업화 지원(IP출원)사업을 신청했는데, 많은 사람들이 알지 못해 결국 아는 사람만 계속 같은 제도를 이용하게 되는 것이 한편으로는 안타깝다. 이와 같은 제도를 유용하게 활용하여 창업 초기에 필요한 스펙을 쌓아둔다면 사업을 하면서 언제라도 엄청난 도움을 받을 수 있을 것이라고 생각한다. 나아가 수억 원대의 지원사업을 선정할 때 이 특허 하나가 가산점이라는 정량적 지표와 사업에 대한 열정이라는 정성적 지표로 연결되어 결정적인 역할을 할 수 있지 않을까?

현재 포천딸기힐링팜이 창업 이후 출원한 특허는 '시세로 판매되는 농산물 자동판매 시스템'과 '농작물 수요처와의 매칭을 통한 농작물 거래방법'이다. 각각 농산물 자판기와 직거래 플랫폼으로, 갖고 있던 농업에 대한 아이디어를 구체화한 것이다. 이번에 지원한 특허 사업은 '탄소포집 기술을 활용한 탄소중립 그린 큐브 플랫폼 서비스 개발'이다. 이 아이디어는 실제로 일하면서 대학원 시절의 전공 지식이 배경이 되어 나온 아이디어다. 농업 분야에서 일하다 보니 기발한 생각이 종종 떠오르는데 다양한 배경을 가진 사람들이 그들의 배경지식과 농업에 대한 통찰력을 결합한다면 더 탄탄하고 완성도 있는 아이디어가 나올 것이라고 확신한다. 포천딸기힐링팜에 오는 직원과 실습생에게도 항상 이런 내용을 교육하는데 교육을 듣자마자 실행에 옮긴 사례가 있다. 2021년 실습생이었던 경상남도 창원 진돌이팜의 김진수 대표는 실습 기간 동안 특허 출원을 넘어 등록까지 성공하였다. 직접 작물을 재배하는데 개별포트의 문제점을 인식하였고 이 문제를 해결할 수 있는 새로운 방식의 개별포트를 개발하여 특허 등록에 성공했다. 김진수 대표 역시 특허가 여러 지원사업을 넣는 데 다른 지원자와 차별화를 이룰 수 있어 큰 도움을 받고 있다고 한다. 간단한 아이디어라고 포기하지 말고 그 어떤 것도 좋으니 끊임없이 생각하고 아이디어를 보완하여 구체화해 보자!

∀ 정부 R&D 과제를 활용해라

2022년 포천딸기힐링팜은 산업통상자원부 KEIT R&D 과제에 최종 선정이 되었다. 사실 R&D 과제에 도전하기 위해 계획서를 쓸 때 너무도 큰 사업이라 스스로도 불확실하고 위축되었는데, 최종으로 선정되니 더 벅차오르고 행복했다. 사실 공고를 보고 여러 곳에 자문을 구했었는데 이번 사업은 불가능에 가까우니 다른 곳에 역량을 쏟으라는 조언이 대부분이었다. 심지어 이런 작은 농장에서는 국가 연구과제를 수행할 수 없으니 냉정해지라는 말까지 들었다. 주변 사람들과 전문가에게 이런 조언을 들으니 오히려 더 놓을 수가 없었다. 큰 연구 기관이 아니라 일반 농가가 이번 사업에 선정된다면 뒤를 이을 농업인들 또한 도전해 볼 만한 기재가 생길 것으로 판단했기 때문이다. 또한 혼자라면 힘들 수도 있었겠지만, 당시에 포천딸기힐링팜에서 근무하던 직원인 문제훈이라는 청년이 있었기에 도전해 볼 만하다고 생각했다. 안성에서 안성딸기힐링팜을 창업할 예정인 문제훈 대표는 농업으로 석사 학위를 받았으며 다양한 연구과제를 맡아 수행했던 경험이 있다. 과제를 보여주니 이 청년 역시 도전하고 싶은 열망을 보였고 반드시 과제를 따와야겠다는 뜻이 맞아 밤낮 가리지 않고 열정을 쏟았다. 결국 연구기관과 대기업이 아닌 청년농업인으로서, 일반농가로서 여러 산학연구기관의 그룹 경쟁을 뚫고 수십억 원 규모의 R&D 과제에 선정되었다. 바쁜 영농 활동 중에도 오로지 목표 하나만을 바라보고 뛰었기에 달성한 값진 결과라고 생각한다.

열심히 노력했기에 성공적인 결과를 이뤄냈지만, 당연히 실패할 수도 있었다. 최종 발표 전까지 큰 기대하지 말고 그동안 준비한 것만 아쉬움 없이 보여주고 나오자고 마음먹었을 정도로 우리는 확신이 없었다. 그렇지만 머릿속으로만 상상했던 것을 실천으로 옮기는 것은 더 큰 의미가 됐을 거라 생각했다. 결과가 좋았지만 실패해도 상관없었다. 실패에 대한 경험은 다음 도약에 엄청난 도움을 줄 수 있는 발판이 되기 때문이다. 이번 R&D 사업 역시 이전에 했던 쓰라린 실패로 발돋움하여 이룬 결실이다. 어떤 사업이든 목표든 고민하지 말고 일단 도전해 보자.

이번 과제 선정으로 포천딸기힐링팜은 R&D 과제의 참여기관으로, 나는 책임연구원으로 3년간 과제를 수행하며 농업 분야의 작물 생육 최적 시스템 개발에 많은 노력을 할 예정이다. 아울러 연구과제비 대부분은 청년채용을 통해 그들에게 많은 기회를 부여하고 농업의 발전을 위해 연구 개발에 모든 노력을 다할 것이다. 이후의 진행 상황이나 이슈는 지속해서 유튜브와 인스타그램을 통해 업로드하며 많은 사람에게 알려 나갈 예정이다.

농산업 분야는 전 산업군 어디에도 접목이 가능한 산업이다. 아래 정부 R&D 과제를 수행하는 기관 정보를 참고하여 도전해 보자.

탄소중립R&D정보포털(itech.keit.re.kr/netzero_tech)

산업기술R&D정보포털(itech.keit.re.kr)

농림식품기술기획평가원(www.ipet.re.kr/index.asp)

창업지원포털(www.k-startup.go.kr)

∜ 농촌에서 생활스포츠지도사 자격증을 취득한 이유

농업을 준비하면서 생활스포츠지도사 자격증을 취득하는 것을 추천한다. 갑자기 농업을 하는 사람이 생활스포츠지도사 자격증을 취득하라고 해서 당황스러울 수 있으나 이것은 국가공인자격증으로, 취득하게 되면 학교, 직장 그리고 지역사회 체육 단체와 같은 곳에서 합법적으로 지도사로서 근무할 수 있다. 그리고 파트타임의 프리랜서로도 활동할 수 있다. 굳이 농촌에서 생활스포츠지도사 자격증을 추천하는 이유가 있다. 각 시도 교육청 및 학교 홈페이지에 들어가면 학교마다 스포츠클럽 강사를 모집한다. 시간당 최소 3~4만 원, 서울 지역은 많게는 시간당 8만 원의 강사료를 지급한다. 상대적으로 농촌지역 내 학교에서는 모집 수요가 적은데 스포츠지도사가 없기 때문이다. 생활스포츠지도사를 취득하고 농촌에서 농업을 하다 보면 분명히 생각보다 좋은 기회가 찾아올 수 있다고 생각한다. 오히려 우리가 학교 측에 제안하는 것도 방법이다. 아이들을 가르칠 수 있는 정식 자격증이 있기 때문에 학교 내 희망자를 조사해서 스포츠클럽을 개설해 달라고 먼저 제안할 수 있다. 돈을 벌 수도 있고 이 자격증을 통해 농촌지역 아이들에게 재능기부를 할 수 있다. 이외에도 제도적인 이점도 있다. 청년창업형 후계농업 경영인에 선정되고 나면 정해진 시간 교육을 이수해야 하는데, 생활스포츠지도사 1급 자격증을 취득하면 교육 시간이 면제된다. 현 제도에서 교육인정을 해주는 등급은 생활스포츠지도사 자격증 2급이 아닌 1급만 가능하다. 사실 1급은 2급을 취득하고 관련 업계에서 3년간 일 해야지만 1급을 취득할 수 있는 자격이 되기 때문에 사실상 거의 불가능하다. 관련해서 농정원 측에 생활스포츠지도사 2급 또한 교육 시간으로 인정해 달라고 요청을 한 적이 있다. 제도가 충분히 개선될 여지가 있다고 본다. 생활스포츠지도사뿐만 아니라 유소년지도사, 노인지도사, 장애인지도사와 같이 많은 국가공인 자격증이 있으니 관심이 있다면 도전해 보길 바란다.

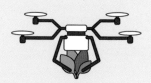
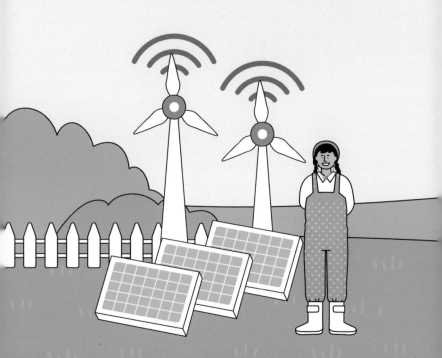

스마트팜의
현실과 문제점

1장

스마트팜의 현실

↓ 내가 생각하는 스마트팜이란?

'자본금이 없는데 어떻게 스마트팜을 시작해야 할까요?' 강의나 유튜브를 통해 가장 많이 묻는 질 문 중 하나이다. 사실 이 질문에 대한 대답을 하기 스마트팜의 현실 전에 스마트팜에 대해 다시 한번 짚고 넘어가야 한다.

스마트팜이란 무엇일까? 으리으리한 유리온실이나 화려한 벤 로형 온실이 스마트팜일까? 정부에서 운영하는 스마트팜코리아 에 따르면 '비닐하우스 · 유리온실 · 축사 등에 ICT를 접목하여 원격 · 자동으로 작물과 가축의 생육환경을 적정하게 유지 · 관 리할 수 있는 농장'이라고 명시되어 있다. 또한 스마트팜의 의의 는 '작물 생육정보와 환경정보에 대한 데이터를 기반으로 최적 생육환경을 조성하여, 노동력 · 에너지 · 양분 등을 종전보다 덜 투입하고도 농산물의 생산성과 품질 제고 가능'이다. 여기서 핵심은 'ICT를 접목하여 원격·자동'이라는 부분이다. 결국 단동하우스나 유리온실, 노지, 축사 등 모두 위의 기술을 접목하면 어떤 형태든 스마트팜에 해당하는 것이다.

하지만 최근 언론 매체에서 스마트팜이라고 나오는 대부분의 콘텐츠를 보면 3~5천 평의 유리온실, 고가의 첨단 온실 등이 대부분이고, 이마저도 상당히 미화되어 나오는 경우가 많다. 시설비 30억, 50억 투자 그리고 연간 매출 20억 등 자극적인 콘텐츠가 쏟아져 나오고 있다. 그래서 많은 이들이 스마트팜은 오로지 네덜란드식의 유리온실, 스카이글라스, PC 등 반영구적인 고가의 온실이라고 착각한다. 따라서 스마트팜을 하려면 초기 자금 투자에 대한 리스크가 크고 접근하기가 힘들 것이라고 생각하게 되는 것이다. 내가 말하고 싶은 것은 몇백 만 원의 재래식 단동하우스도 스마트팜이 될 수 있다는 것이다. 단동하우스 내 전자밸브 및 각종 센서와 ICT 제어 판넬만 설치하면 1,000만 원 이내의 비교적 저렴한 비용을 투자하여 스마트팜을 지을 수 있다. 하우스의 형태나 피복재질 같은 것이 중요한 게 아니다. 포천딸기힐링팜은 일반 연동 하우스 내 스마트 ICT 융복합 지원사업을 받아서 약 2,500만 원 정도에 해당하는 스마트센서를 도입했는데 자부담은 약 1,000만 원 내외이다. 골조나 커튼과 같은 것이 아니라 스마트팜을 위한 비용은 생각만큼 크지 않다고 말하고 싶다.

온실 시공 시에 가장 큰 부담이 되는 것은 골조이다. 하지만 골조 대부분은 보조사업을 통해 지을 수 없고 오로지 자부담으로 진행해야 한다. 수출 온실 신축사업은 골조를 지원해 주지만 극히 드물고 조건도 까다롭다. 청년후계농과 같은 융자 사업은 사업 자체가 융자이기 때문에 지원이 아니라 결국 갚아야 하는 내 돈임을 잊지 말아야 한다. 연동형 하우스 기반의 스마트팜을 하고 싶다고 해서 일반적인 내재해형 하우스가 아닌 벤로형이나 유리온실 같은 고스펙의 온실을 고려할 필요가 없다는 것이다.

다양한 정부정책을 통해 누구나 스마트팜 CEO에 도전할 수 있다. 하지만 꼭 본인의 자본력, 융자상환 능력 등 면밀하게 사업성을 검토한 후에 대출을 받아야 한다. 자금력이 부족하다면 일반적인 단동하우스로도 시작할 수 있다. 어느 정도 자본력이 뒷받침된다면 상한 금액 30억의 스마트팜 종합자금 대출이나 상한 금액 5억의 청년후계농 제도를 통해 연동하우스를 고려해도 된다. 터무니없이 비싼 시설보다 창업 콘셉트에 맞춰 적절한 정책을 활용해야 한다.

비닐온실	경량철골온실	유리온실

평당 설치비 : 10~30만 골조 : 농업용 파이프 피복 : 비닐(PO)	평당 설치비 : 50~80만 골조 : 경량철골 피복 : 폴리카보네이트(PC)	평당 설치비 : 90~150만 골조 : 철골 피복 : 유리

[스마트팜 골조 종류]

스마트팜의 문제점

스마트팜 혁신 밸리, 스마트팜 ICT 확산사업, 지자체 스마트팜 시범사업 등 최근 국내에 수많은 업체의 스마트팜 시스템이 보급되고 있다. 정부의 스마트팜 적극 확산은 매우 바람직하다고 생각한다. 하지만 정부와 스마트팜 업체가 생각하지 못하고 굳이 신경쓰지 않는 사항 중 급하게 해결해야 할 일들이 있다. 프라이버시, 데이터 관리, 시스템보안, 센서와 같은 것들이다. 이런 사항 하나하나가 농업인에게는 심각한 위협으로 다가올 수 있으며, 고스란히 이 위험에 노출되어 있기도 하다. 나는 이미 '농림부 규제혁신팀', '스마트팜 국가 R&D 사업단 자문', '전국 농협 조합장 스마트팜 특강', '스마트팜 보육사업 강의' 등을 통해 문제를 지속적으로 제기하고 개선하기 위해 노력하고 있다. 하지만 변한 건 없었다. 이번 장에서는 스마트팜을 운영하며 느낀 중대하고 심각한 문제점에 관해 이야기해 보고자 한다.

∀ 심각한 사생활 침해

2021년 12월 23일 저녁 9시쯤 집에서 아들과 책을 읽는 중이 었는데, 직원으로부터 전화가 왔다. 스마트팜 시스템에 접속하 지 않은 상황이었는데 CCTV를 작동했냐고 확인하는 전화였던 것이다. 이 말을 듣고 굉장히 당황스러웠다. 왜냐하면 비밀번호 를 부여받아 권한이 있는 모든 사람은 관제실에 있어서 직원들과 내가 아니라면 CCTV가 움직일 수가 없기 때문이다. 즉, 누군지 모르는 사람이 포천딸기힐링팜의 360 각도 조절 카메라를 작동 하여 우리를 지켜보고 있다는 말이다. 움직임은 무려 1분 이상이 나 지속되었고 특정 부분을 확대하는 것을 마지막으로 작동은 멈 췄다. 사실 이전에도 같은 경험이 있어 CCTV 제조사에 직접 문 의했었다. 문의 결과 직접 작동했을 때와 오작동으로 자동으로 움직였을 때 보이는 패턴이 다르다는 답을 듣고서 긴장을 놓을 수가 없었다.

스마트팜 시스템 내 CCTV의 목적은 온실 내 시설, 환경, 작물 감시다. 물론 방범용으로도 사용하지만, CCTV 설계 시 위 세 가 지 요소를 중점으로 1,000평 기준 약 10대 정도를 설치한다. 여 러 대의 CCTV가 온실 곳곳에 설치되기 때문에 온실 내 설치된 CCTV에는 농업인의 모든 일상이 노출된다. 너무나도 심각한 문 제였다. 따라서 당연히 스마트팜 시스템을 통해 CCTV를 작동한 다면 접속 정보가 남을 것이라고 생각했고 접속 기록 확인을 위 해 로그 분석을 요청하였다. 2주를 기다렸으나 돌아온 답변은 누가 접속했는지 로그 분석이 불가능하다는 것이었다. 상식적으로 이해가 되지 않는 답변이었다. 하지만 문제는 대부분의 농업인이 보안이 되어 있는 CCTV 전문업체의 제품이 아닌 힐링팜이 사용하는 것처럼 허술한 스마트팜 시스템 플랫폼의 CCTV를 이용한다는 것이다. 암호화가 되어 있지 않고 접속 기록조차 읽지 못하는 현재의 프로그램은 후에 엄청난 파장을 일으킬 것이라고 생각한다.

▼ 허술한 시스템 보안

시스템 보안 문제는 내가 경험한 스마트팜 문제 중 농가에 가장 치명적인 피해를 줄 수 있는 부분 중 하나이다. 위에서 언급한 시스템 접근 권한과 이어지는 내용인데, 예를 들어 추운 겨울 누군가 약 5,000평의 대형 딸기 온실 스마트팜 시스템에 접근하여 다겹보온커튼의 버튼을 'OPEN'으로, 난방 버튼을 'OFF'로 바꿨다고 가정해 보자. 이렇게 버튼을 누르는 것은 스마트팜 시스템 어플리케이션에 들어와 터치 한 번이면 일어나는 일이다. 실제 이러한 일이 발생할 경우 약 5,000평의 온실 내 딸기 작물이 재배되는 상황이라면 하루아침에 수십억 원의 매출 손해가 발생하는 것이다. 환경제어 기능이 아닌 양액기만 해도 마찬가지다. 양액기 내부 pH를 조절하는 산통에 강산성을 강제 급수한다면 하루아침에 온실 내 모든 작물이 치명적인 타격을 입고 죽어버릴 수 있다. 물론 시스템 기능상 이상 신호가 있을 시 작동 정지 등을 할 수 있지만 이 기능을 사용하는 농가는 많지 않다. 누군가 장난을 치거나 앙심을 품어 이런 행동을 한다면 농업인 입장에서는 보상받기가 쉽지 않다.

이러한 문제를 해결하기 위해서는 사용자 승인 제도가 필수적이다. 사용자 승인 제도란 시스템을 사용하는 사용자 이외에는 무조건 사용자 승인을 통해 시스템에 접근해야 하는 방식이다. 쉽게 설명하자면 고용부 홈페이지 내 인력 고용 관련하여 인증서를 발급한다고 가정해 보자. 발급이 어렵다고 느껴 고객센터에 문의하면 고용부 안내원은 사용자의 승인번호를 받아 사용자 PC에 접근하여 도와주는 방식이다. 이는 농산업 분야 이외 모든 산업군에서 이미 10년 전부터 시행된 시스템이다. 결국 스마트팜 시스템은 이를 사용하는 사용자만이 접속 권한을 가져야 한다. 스마트팜 시스템을 제공하는 업체에서도 사용자 승인 없이 관리자 권한으로 어떤 경우에도 농가 시스템에 접속하면 안 된다는 말이다. 또한 해킹에 쉽게 노출되지 않기 위해 시스템 업체에서는 보안에 투자해야 한다. 단순히 ICT 스마트팜 시스템만 보급하면 절대로 안 된다. 타 산업군에 비해 유독 농업 분야의 보안 문제는 심각한 수준이라 정부에서도 제도적인 차원에서 개선해 나가야 한다고 생각한다.

↓ 취약한 데이터 보안

현재 국내 스마트팜에 보급되는 스마트팜 시스템은 클라우드 기반 ICT 환경복합제어 시스템을 말한다. 지금 단계의 한국형 스마트팜은 AI 기반의 음성지원 플랫폼 및 클라우드 기반을 활용한 2세대 스마트팜 기술이다. 이는 농사 경험이 적은 귀농자나 ICT에 미숙한 고령자에게 작물 최적의 생육을 위한 의사결정을 지원하는 데 궁극적인 목적을 두고 있다. 따라서 클라우드 기반의 스마트팜 시스템을 도입한 농가에서는 초 단위의 수십, 수백만 개의 DB가 쌓이고 있다. 이는 스마트팜의 빅데이터 및 인공지능 기술에 사용된다. 스마트팜의 빅데이터 및 인공지능 기술은 작물생육 과정의 수많은 인자* DB 가공을 통해 관계성, 상관성 분석으로 최적의 작물생육 및 환경 데이터를 획득하고 적용되는 기술이다. 지금 누군가가 포천딸기힐링팜에서 사용하는 스마트팜 시스템에 접속하여 원하는 온실 내 환경 인자를 선택하여 클릭하면 단 5초 만에 수십만 개의 셀 DB가 다운로드된다. 이 이야기는 누군가가 선도농가, 혹은 대단지 농업법인 내 설치된 클라우드 기반의 스마트팜 시스템에 접근할 수 있는 권한이 있다면 언제 어디서든 작물재배 환경 DB를 내려 받을 수 있다는 이야기이다.

---

* X값 : 온습도, CO_2, 공급 EC, 공급 pH, 배액 EC, 배액 pH 등 / Y값 : 시기별 엽수, 관부직경, 화방 꽃수, 출하량, 작업소요시간, 착과수 등

농가가 주체적으로 개인적인 재배 비법과 경험이 담긴 DB에 대한 권리를 가져야 한다. 이를 보장받기 위해서는 클라우드에 저장된 데이터에 대한 개인정보 보호와 보안 및 규정 준수를 보장해야 한다. 스마트팜에 보급되는 클라우드기반 시스템은 특성상 분산되어 있고 동적이기 때문에 클라우드 내 데이터 보호에는 특별히 고려해야 할 사항들이 많다. 스마트팜 데이터 보안 문제점을 해결하기 위해서는 위에서 언급한 사용자 승인 제도와 농가 시스템 내 DB 접근 권한 시스템이 필수적이다.

↓ 스마트팜 환경 측정 센서 오류로 인한 막대한 피해

센서 고장으로 인해 약 4만 주의 딸기와 2만 주의 상추가 하루만에 전부 죽을 뻔했던 사건이 있었다. 2세대 클라우드 기반의 ICT 첨단 스마트팜 시스템을 도입하고 설레는 마음으로 배운 그대로 작물의 최적 환경 조성을 위해 수십 가지 조건들을 적용하여 시스템을 설정했다. 센서의 고장은 생각지도 못했다. 칼바람이 불고 한파주의보가 내린 한겨울에 외부 온도센서 고장으로 인해 온실 환기창이 열리고, 내부 보온커튼이 열리는 일이 발생했다. 온실 내부 온도는 2도까지 떨어졌다. 딸기는 보통 한계온도를 4도 정도로 보고 있어 야간 온도를 약 8도 내외로 유지해 주고 있다. 센서 하나 고장으로 약 4만 주의 딸기가 냉해를 입었다. 겨울에만 이런 일이 발생한 것이 아니다. 한여름에는 외부 우적

센서의 고장으로 환기창이 자동으로 닫히는 일도 발생했다. 점심 식사를 하러 나간 사이 온실 내부 온도는 약 40도 가까이 올라갔고, 2만 주의 상추는 전부 주저앉아 버렸다. 당일 8명의 인력 및 납품을 가지 못한 비용만 계산해도 약 200만 원 정도의 손실을 보았다. 무엇보다 수치로 계산할 수 없을 만큼 심각했던 것은 수개월간 재배하던 작물이 센서 고장으로 심각한 피해를 입었다는 것이다. 그래서 현재 포천딸기힐링팜은 스마트팜이지만 온실 자동화 세팅을 하지 않고 약 50개의 제어 채널을 전부 수동으로 작동하고 있다. 센서의 잦은 오류 및 고장은 스마트팜에 심각한 피해를 줄 수 있다. 따라서 국내 스마트팜 내 보급되는 센서의 표준화 및 정기적 보정에 대한 관리가 필요하다고 생각한다.

↓ 스마트팜 빅데이터 활용 서비스 개발 문제

스마트팜 빅데이터 활용 서비스 개발 사업에 대한 문제점이 크다. 정부의 스마트팜 보급 확대와 데이터 수집을 통한 작물 생육관리 최적 환경관리 모델 개발을 위한 다양한 연구가 진행되고 있다. 2021년 정부 연구과제를 수행하는 ○○업체로부터 자문요청을 받았다. 내용은 기관에서 수집한 스마트팜 데이터를 통해 생산량, 품질 관련 실제 농가 데이터 군집 분석 결과에 대한 자문요청이었다. 보내온 데이터 샘플을 열어 보았는데 오류값이 너무 많아 많은 생각을 하게 됐다. 한 사례로 밤에는 빛이 없어서 작물이 호흡을 통해 산소를 흡수하고 CO_2를 방출하게 된다. 하지만 데이터 샘플을 보면 야간 CO_2가 대기 중 CO_2 농도인 400ppm보다 적게 나와 있다. 데이터를 수집하는 단계에서부터 잘못된 것이다. 또한 수집된 농가 데이터 대부분은 상관성 분석이 힘들 정도로 퀄리티가 엉망이었다. 그렇다면 왜 농가에서 수집되는 데이터 퀄리티가 안 좋을까? 그 이유는 농가에서 사용되는 측정 센서의 오류, 관리 미흡 등의 이유로 오류값들이 수집되기 때문이다. 향후 빅데이터 기반으로 스마트팜 품질 및 생산성 향상 모델 및 생육관리 시스템 개발을 위해서는 가장 기본이 되는 센서에 대한 관리와 농가에서 수집되는 데이터 품질 관리가 매우 중요하다고 생각한다.

농업보조사업에 대한 나의 생각

일반적으로 농업보조사업이라고 하면 지원형태는 국고(보조 00%, 융자 00%), 지방비 00%, 자부담 00%로 배분되어 지원해 주는 사업이다. 농업인이 사업신청을 하면 시군자치구에서 심의회를 통해 선정 결과를 시·도에 전달한다. 그리고 사업 검토를 통해 최종 선정 결과를 농식품부에 전달하게 되어 있다.

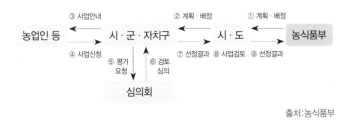

출처:농식품부

농식품부는 시·도의 수요 조사 결과를 기초로 2022년도 예산 요구안을 작성하여 기획재정부에 제출하게 되어 있다. 예비사업자 선정 결과를 바탕으로 소요 예상 지방비를 본예산으로 편성

(전년도 10~12월)하게 된다. 농식품부(지자체)는 사업 종료 후 다음 해 상반기 중 전년도 사업 성과 평가를 통해 당해 연도 집행 실적에 따라 다음 해 시·도(시·군)별 예산 배정 시 반영하게 된다. 보조사업의 내용을 보면 결국 전년도 사업선정자가 예산집행을 하지 못하면 페널티를 받게 된다는 내용이 있다. 이렇다 보니 지자체에서는 사업목적에 맞게 평가를 통해 사업 이행을 잘할 수 있는 농업인을 선정한다. 공정하게 평가되고 있는 것인가? 대부분 정부 지원사업이 그러하듯 농식품부 사업도 대개 사업자 선정기준표에 의해 선정하게 된다. 하지만 관내 보조사업 중에는 선정기준표 없이 선발되는 사업들도 많이 있다. 선정기준표 없이 평가위원의 정성적 평가로 선정되는 경우이다. 이런 경우 보조사업에 탈락한 농업인이 선정되지 않은 이유를 납득할 수 없는 상황이 올 수도 있다.

2020년도 창업진흥원 평가위원을 하며 느낀 점이 있다. 타 부처는 선정기준표에 따라 정량적 평가가 이루어지고 모든 지원자의 평가지에 코멘트를 작성하게 되어 있다. 탈락자가 이의제기를 했을 시 납득할 만한 사유를 알려줘야 한다. 하지만 농업 분야의 보조사업에는 이러한 행정 절차가 없다. 또한 사업이 선정되면 어떤 아이템으로 선정되었는지도 공개가 필요하다. 보조사업을 더욱 공정하고 효율적으로 지원하기 위해 사후관리 및 체계적인 관리 시스템을 강화해야 한다. 사업대상자는 본 사업비를 집행하고 성과에 대한 평가를 받아야 한다고 생각한다.

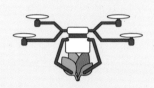

PART5

취업준비생의
농장주 도전기

농업을 선택한 이유

포천딸기힐링팜을 운영하며 정말 많은 사람을 직원으로, 실습생으로, 컨설팅으로 만나며 소통했다. 농업으로 진로를 잡고 싶은 중학생과 고등학생부터 대학을 졸업하고 바로 농업으로 뛰어든 젊은 청년, 다양한 일을 하다가 농업을 선택한 직장인, 처음부터 큰 사업을 진행하고 싶은 사업가 등등 다양한 배경을 가진 사람들을 만나며 많은 고충을 들었다. 모든 사례를 전부 소개하고 싶지만 그럴 수 없기에 가장 현실적인 청년 한 명을 소개하고자 한다. 이 청년은 대학 졸업을 앞두고 취업 준비를 하던 중 농업을 선택했고, 1년이라는 시간을 준비하며 청년후계농을 통해 스마트팜을 구현하고자 했다. 하지만 여러 이유로 그렇게 바라고 고대하던 청년후계농마저 포기하게 되었는데, 굉장히 현실적이라는 생각이 들어 소개하고자 한다. 이를 통해 창업하기 전 이야기에 공감하기도 하고, 계획을 다시 한번 점검하여 치밀하게 전략을 세우는 기회가 됐으면 하는 바람이다.

스마트팜 농장주가 되겠다고 결심한 후 여러 교육을 받고 일도 해보며 준비를 한 지 어느덧 1년을 채우게 되었다. 1년 동안 농업 관련 교육 시간은 200시간이 넘었고, 총 2곳의 농업회사 법인에서 6개월씩 일을 했으며, 농업 관련 자격증을 취득하고 공모전에서 수상하는 등 하루하루 작은 목표를 달성해 나갔다.

농장주라는 목표를 갖고 준비하기 전에는 남들과 다를 것 없이 대학을 다니며 일자리를 바라보는 평범한 취업준비생이었다. 더군다나 대학에서 공급이 가장 많은 경영학과를 다니다 보니 미래에 대한 고민이 컸다. 깊은 고민에 대한 답으로 4차 산업혁명의 트렌드를 따라가고자 AI 개발자 캠프에 합격하여 수강을 했다. 하지만 막연히 4차 산업혁명이 트렌드라 이를 배워야겠다는 생각으로 접근하다 보니 진심으로 원하던 일도 아니었고, 결국 겉돌 수밖에 없었다. 물론 전공과목인 통계 프로그래밍 수업에 흥미를 느꼈고 한국데이터산업진흥원이 주최하는 데이터 청년 캠퍼스의 학교 대표로 선발될 정도로 빅데이터와 AI에 많은 관심을 두고 있었지만, 관심과 적성은 다른 문제였다. 맞지 않는 길을 걸어가며 힘들어하고 있을 무렵 우연히 관련 기술로 신문에서 스마트팜을 접하게 되었다. 사실 몸 쓰는 일을 좋아하여 이전부터 농업에 대한 생각이 아예 없었던 것은 아니지만 한 차원 진보된 농업을 보니 관심은 탐색하는 단계로 바뀌어 나갔다. 유망하다는 전망은 읽었지만 가장 와닿았던 것은 데이터에 기반을 둔 정밀농업을 통한 생산량 증대였다. 농지가 부족한 대한민국에서는 적은 농지 면적 대비 극한의 효율을 추구해야 하는데 그것이 빅데이터와 AI를 통해 실현될 수 있다는 것이다. 당시에는 그 분야를 배우고 있었기에 더 크게 다가왔을 것이다. 또한, 개발자가 되어 도구를 개발하는 사람보다는 오히려 개발된 툴을 이용하는 유저가 되는 것이 더 낫다고 생각하여 스마트팜을 처음 접했을 때 모든 것이 나와 맞아떨어진다는 생각이 들었다. 물론 직접 농업에 뛰어들어 일을 해보면서 산업 현장에 가보지도 않고 꿈만 꾼 장밋빛 미래였다는 것을 깨달았지만 말이다.

어쨌든 본격적으로 이를 찾아보고 있던 와중에 유튜브에서 안스팜이라는 채널의 영상을 찾게 되었다. 당시 내가 본 영상은 포천딸기힐링팜이라는 1,400평 규모의 ICT 스마트팜을 운영할 직원을 찾는다는 공고였다. 공고를 보고 안스팜 채널의 다른 영상도 찾아보았는데 여러 영상을 보다가 '지원사업을 위해 농림부가 아닌 중소기업벤처부의 문을 두드렸다. 농업은 더는 농업이 아닌 창업이다.'라는 말을 듣고 아무런 고민도 하지 않고 이력서를 제출했다. 사실 학교에 다닐 때 정말 존경했던 창업 멘토를 만나기 위해 배낭 하나 메고 동티모르라는 나라에 찾아갈 정도로 창업에 많은 관심이 있었다. 이후에도 학교에 다니며 창업동아리를 운영하였고, 실제 창업을 하기 위해 매일 밤을 새우며 노력했었다. 현실의 벽에 부딪혀 꿈을 잠시 내려놓았었는데 유튜브에서 안해성 대표님의 말을 듣고 다시금 열정이 되살아난 기분이었다. 그래서 이력서를 제출한 후에도 자본금이 없는 내가 농업에 뛰어들 방법과 제도에 대해서 알아보기 시작했다. 청년들을 위한 많은 제도가 존재했고 그중에서도 가장 메인은 청년후계농 제도였다. 국가에서 95% 보증을 서주며 5억이라는 융자자금을 제공하기에 충분히 승산이 있다고 판단했고, 안스팜에서도 합격 연락이 오면서 본격적으로 농업이라는 분야에 뛰어들게 되었다.

농업이라는 분야를 선택한 이유와 전망에 대해 복합적으로 생각했을 때 다음과 같이 정리할 수 있다. 첫 번째, 농업은 기술직이다. 많은 사람들이 요즘 시대에는 기술을 가져야 한다며 전문직 혹은 기술을 통한 창업을 하라는 이야기를 많이 한다. 아무리 사업이 잘 안 풀리더라도 나만의 특화된 기술이 있다면 그 리스크를 최소화할 수 있다는 것이기에 이야기를 듣고 100% 맞는 말이라고 생각했다. 그렇기에 농업이 더 강점이 될 수 있을 것이다. 딸기, 토마토, 벼, 멜론, 참외, 수박 등 우리가 일상적으로 먹는 것 어느 하나 절대 쉽게 자라는 작물은 없다. 딸기만 해도 전국에 엄청난 수의 마이스터가 있고 지역에 따라, 사람에 따라 재배 방식 또한 천차만별이다. 어느 정도의 가이드라인은 있을지 몰라도 각자만의 특화된 방식으로 고품질의 딸기를 생산해낸다. 단순히 물을 주고 약을 치고 영양분을 준다고 해서 좋은 결과로 이어지지 않는다. 환경이 바뀌는 것에 따라 예민한 차이를 잡아내고 작물 변화에 민감하게 대처하며 작물의 원리를 완벽히 이해해야 얻어낼 수 있는 높은 차원의 기술이라고 생각한다. 또한,

ICT 및 빅데이터의 발전 덕분에 타 산업과의 연계도 이뤄지고 있는데 단순히 기술을 아는 것이 아닌 이런 기술을 통해 작물의 생산성을 극대화할 방법을 끊임없이 연구해야 하므로 철저히 농업은 전문직의 영역에 속한다고 생각한다. 시간이 갈수록 고도화되고 첨단화될 것이기에 기술을 가진 농업인은 더욱더 전문화될 것이다.

두 번째, 농업은 창업이다. 청년으로서 농업에 접근한다는 것은 단순히 귀농하는 것이 아닌 농장을 경영하는 것으로 생각한다. 받을 수 있는 지원 사업과 혜택도 많고 자본금이 부족하지만, 차별성을 가지고 회사를 운영할 수 있기 때문이다. 그렇기 때문에 귀농이 아닌 농업이라는 분야에서 스타트업을 만드는 것이고, CEO가 되겠다는 마인드를 먼저 정립하였다. 농업이라고 한정 짓지 않는다면 농업과 관련된 기관뿐만 아니라 다른 기관 사업들도 찾아보며 실질적인 도움을 받을 수 있다. 또한, 기업을 운영한다는 마인드를 가진다면 작물 재배 기술을 넘어 사업 관리, 노무, 기획, 마케팅, 홍보, 영업, 연구·개발 등 보다 전문적으로 생각하고 전략을 짤 수 있다고 생각한다.

세 번째, 농촌을 활성화하고 살릴 수 있는 가장 효과적인 방법은 농업이라고 생각한다. 최근 지방 소멸에 대한 담론이 각종 언론의 메인을 장식하며 활발하게 논의가 되고 있다. 중소도시도 인구 감소에 대해 심각하게 고민하고 있는데 농촌은 이미 직격탄을 맞아 본격적인 도시 소멸의 단계로 진입했다고 말할 정도로 사태가 심각하다. 그렇다면 농촌으로 사람들을 유입하는 방안을 생각해야 하는데, 결국 가장 빠르고 크게 효과를 보는 방법은 청년 농업인 육성 및 귀농 정책 활성화라고 생각한다. 농촌에서 살고 싶어도 일자리가 없다고 호소하는 경우가 대부분인데 산업단지를 조성하거나 기업을 유치하는 것은 시간도 자본도 많이 필요하다. 하지만 청년 농업인 육성은 이보다 시간과 자본에서 상대적으로 우위에 있다고 할 수 있다. 실제로 청년후계농을 희망하지만 떨어진 사람도 많고, 뜻이 있지만 초기 자본금이 부족하여 농업을 포기하거나 담보능력 부족 때문에 대출을 받지 못해 농촌을 떠나는 사람도 많다. 더욱 포괄적인 정책으로 이와 같은 사람들을 지원하여 안정적으로 농촌에 정착하게 한다면 농촌 활성화는 생각보다 어려운 문제가 아닐 수도 있을 것이다.

지방 소멸에 대해 심각하게 생각을 했던 이유는 인구 2만 명을 유지하고 있는 정말 작고 작은 농촌에서 태어났기 때문이다. 어릴 때만 해도 이런 이슈에 대해 크게 생각해 보지 않았지만, 이제는 사람이 줄고 있다는 것을 체감하고 있다. 어린 학생들은 찾아볼 수 없고 젊은 사람은 공무원이나 발령을 받은 회사의 직원이 대부분이다. 이 속도라면 우리나라에서 가장 빨리 없어질 수 있는 도시로도 꼽혔는데, 만일 내가 농촌에서 지속가능한 모델을 제시하고 청년들이 이어서 귀농을 한다면 농촌 활성화에 기여할 수 있지 않을까 하는 생각을 하였다. 사업을 확장하고 목표를 달성하여 꿈을 이루는 것도 좋지만, 조금이나마 사회에 보탬이 되고 사회적 문제 해결에 출발점이 될 수 있다면 엄청난 보람을 느낄 수 있을 것이기에 농업을 선택하고 확신했다.

포천딸기힐링팜 입사

⩔ 농업의 시작

이력서를 내고 난 이후에도 계속 여러 제도에 대해 찾아보고 있었지만, 혹시 떨어졌을까 하는 생각에 다른 일이 손에 잡히지 않았다. 그럼에도 스마트팜에 대한 어떠한 지식도 경험도 없었기 때문에 기사나 정부 정책을 확인하며 최대한 단어에 익숙해지려고 노력했던 것 같다. 이후 며칠 지나지 않아 안해성 대표님으로부터 같이 일해보자는 연락을 받았고 하고 있던 모든 일을 정리하고 포천딸기힐링팜에 2기 직원으로 합류하게 되었다.

일을 시작한 첫날에는 실습생을 포함한 직원이 약 12명이나 있었다. 전국 각지에서 영농창업을 위해 이렇게 열심히 준비하고 있는 사람들이 많다는 것에 굉장히 놀랐다. 나이 또한 이제 대학을 입학한 20살부터 대학을 다니는 재학생, 이제 막 졸업한 사람, 퇴사하고 준비하는 사람 등 다양한 연령층으로 구성되어 있었다. 하지만 농업에 대한 지식도 경험도 없는 사람은 나 혼자였다. 심지어 같이 2기로 입사한 동기는 농고를 졸업해 농대를 나왔고 해외 온실 운영 경험, 3천 평 규모의 유리온실에서 재배사로 일하는 등 탄탄한 커리어를 쌓아왔다. 사람들과 처음에 이야기할 때는 대화의 10%도 이해하지 못할 정도의 수준이었다. 농업 정책을 본다고는 했지만 익숙하지 않았고 농지법, 작물 생리, 영농 교육 등 사전에 알아본 것은 처참할 정도로 미숙했다. 전혀 접점이 없는 새로운 분야에 뛰어든 것이어서 당연하다고 생각했지만 부끄러움을 많이 느꼈다. 하지만 그런 자연스러운 대화를 통해 훨씬 빠르게 정보를 습득할 수 있었다. 일할 때도, 밥을 먹을 때도, 일이 끝나서 자기 직전까지도 농업에 관련된 이야기를 하며 매번 토론 수준의 대화가 오고 갔기 때문에 빠르게 적응했던 것 같다. 그 덕분에 단순히 스마트팜을 짓고 싶다고 생각을 했던 것이 구체적으로 어떤 작물을 통해 어느 지역에서 어떤 온실을 짓겠다는 계획이 서기 시작했다. 당장 3~4개월 뒤에 하우스가 올라갈 사람이 많았기 때문에 실질적이고 구체적인 하우스 계획을 옆에서 볼 수 있어 영향을 받았다고 생각한다. 당연히 아는 것이 없었기에 당시 계획했던 기록을 돌아보면 정말 유치한 수준이었다. 하지만 두루뭉술하고 애매했던 계획이 많은 사람으로부터 피드백을 받고 견학을 다니며 살을 붙이면서 구체적이고 명확하게 다듬어져 갔다. 그렇게 아무것도 모른 채 무작정 농업에 뛰어들어 얼렁뚱땅 농장 계획을 세워나가기 시작했다.

∨ 농장주 마인드로 일을 한다는 것의 의미

농장에 도착하자마자 안해성 대표님은 항상 오너 마인드를 강조했다. 모든 실습생과 직원에게 단순 직원이 아닌 실제 농장주 마인드 정립을 요구한 이유는 당장 영농창업이라는 실전에 뛰어들어야 하기 때문이다. 대부분의 사람들이 청년후계농과 같은 정부 융자사업을 받아 5억이라는 막대한 자금으로 하우스를 짓는다. 이런 큰 자금으로 고품질의 작물을 생산하여 매출을 발생시켜 농장 운영비용을 마련하고 생계를 유지하는 것은 연습이 아닌 실전이다. 실전이라는 것은 발생한 매출에서 농장 운영비, 시설 감가상각, 기타 잡비만 해도 들어가는 비용이 엄청난데 한순간의 실수로 현금 흐름이 끊겨 심할 경우 파산에 이를 수 있다는 것을 의미한다. 그래서 온종일 딸기를 수확하고 포장하고 선별하여 판매하는 것과 같이 단순노동에 그치는 것이 아니라 몇 명의 인력을 투입하고 어떻게 효과적으로 운영하여 비용을 최소화하고 매출을 극대화하여 농장을 성공적으로 운영할 수 있는지를 고민해 보라는 것이었다.

영농창업의 기본 바탕은 농업이다. 다양한 아이디어와 새로운 시도를 통해 성공하더라도 농업이라는 기본이 잘 다져졌을 때의 이야기다. 농업이 기본이라는 말은 육체적으로 힘들 수밖에 없다는 이야기다. 운동을 좋아해 체력에는 자신이 있었지만 처음 접했던 농업에 몸이 적응하기까지는 꽤 오랜 시간이 걸렸다. 온종일 서서 딸기를 수확하고 선별하고 꽃작업과 잎작업을 하는 등

손이 가는 일이 많고, 생각보다 몸을 쓰는 일이 많았기 때문이다. 하루 종일 단순작업을 할 때는 평생 이 일을 할 수 있을까 하는 의문도 가졌지만 농장을 운영해야 한다는 마인드로 접근하니 생각이 달라졌다. 단순 노동을 하면서도 노동자가 아닌 경영자의 마인드로 접근했던 점이 포인트라고 생각한다. 딸기를 수확할 때는 어떤 딸기를 따야 무르지 않은 상태에서 당까지 확보할 수 있는지, 어떻게 따야 최대한 상품성을 유지하여 고객에게 신선한 상품을 제공할 수 있는지 고민했다. 선별할 때는 어떤 기준으로 선별해야 고객의 식탁에 최상품으로 올라갈 수 있을지 생각했고 꽃작업을 할 때는 내 작업시간을 계산하고 투입할 인력과 비용을 계산하였다. 주말에 체험을 진행할 때는 객단가와 테이블 회전율을 높이는 방안을 고민하였고 가격 이상의 만족감을 주기 위한 체험 프로그램을 기획하고자 했다. 휴일을 넘어 평일에도 매출을 발생시키기 위해 어떤 프로그램으로 어떻게 유치원이나 학교를 고객으로 끌어올 수 있을지 생각했다. 당연히 짧게 고민한다고 해서 당장 답을 내릴 수 있는 문제는 아니지만 끊임없이 생각하고 아이디어를 내기 위해 노력하고 다듬어 나가며 보완하다 보면 더 완성도 높은 기획을 만들어 낼 것으로 판단했다.

농업을 위한 노동 이외에도 직접 환경제어 프로그램을 다루며 환경 변수에 따른 프로그래밍을 하거나 날씨가 갑작스럽게 변할 때 직접 판단하여 제어했고 매일 빠지지 않고 병해충을 미리 살

피며 작물 상태도 확인하였다. 시설에 문제가 발생했을 때는 해결 가능한 문제에 대해서는 직접 수리를 하고 AS를 신청하였다. 재고가 많이 남았을 때는 당근마켓, 지역 단체 소통방, 로컬 푸드, 인터넷 등 물량을 확인하고 최대한 당일 소진할 수 있도록 온갖 노력을 다했다. 예약률이 감소했을 때는 고객 유치를 위해 마케팅 수단으로 SNS 채널 방향성을 확립하고 채널을 키워 문제를 해결하고자 했다. 매일 영농일지를 작성하고 더욱 효과적으로 기록하고 체계적으로 정리할 수 있는 방법을 연구했다. 이외에도 더 다양한 업무를 수행했는데 이렇게 많은 업무를 수행하는 과정에서도 시행착오를 겪으며 깨달은 점이 많았다. 처음에는 딸기 수확도 익숙하지 않아 첫날에 수확한 딸기는 다 훼손되어 판매할 수 없었다. 낯선 환경제어 프로그램에 적응하지 못해 직접적인 피해를 끼치기도 했다. CO_2 공급을 위해 온실 내부에 CO_2를 가득 공급했는데, 실수로 천창을 열어서 단 1초 만에 CO_2와 난방열을 날려버린 것이다. 또한, 무더운 여름에는 환경 제어에 잠깐 신경을 쓰지 못했는데, 온도관리에 실패하여 작물에 심한 피해를 주기도 했다. 양액을 제조하고는 공급을 누르지 않아 하루 종일 양액을 공급해 주지 않은 것은 자주 일어났던 실수 중 하나였다. 여름에 상추를 재배할 때는 꽃상추보다는 빳빳한 청상추가 더 낫다는 것도 깨달았다. 많은 실수를 하며 시행착오를 겪었지만 결국 직접 농장에서 일하며 몸으로 겪어봤기에 다시는 반복하지 않게 될 것이다. 따라서 비용과 직결되는 실수와 시행착오를 반복하지 않는 것은 초기 자금이 부족한 귀농인 혹은 청년 농부의 큰 짐 하나를 덜고 시작할 수 있는 중요한 사항이라고 생각한다. 그래서 농업에 뛰어들기 전 일정 기간 이상 내가 선택한 작물을 재배하는 선도농가에서 일을 해보는 것이 시간과 비용을 줄일 수 있는 가장 효과적인 방법이라고 생각한다.

↓ 한정된 농지에서 매출을 올리기 위한 도전

포천딸기힐링팜이 첫 영업을 개시했는데 생각보다 많은 관심을 받아 주말에는 큰 농장이 가득 찰 정도로 많은 고객이 찾아와 주셨다. 업무에 적응할 때쯤 대표님은 주말에 많은 사람이 몰리는데 구매할 상품이 없어 아쉬워하는 사람이 많았기에 이를 해결하며 객단가를 올리는 방안을 연구해 보라는 임무를 주었다. 부가가치가 가장 높은 것은 체험이지만 체험 프로그램을 늘리기에는 동선이 복잡하고 준비 시간이 길어져 비효율적이라고 생각하였다. 그렇다고 생산량을 급격히 올릴 수도 없었고 딸기 판매 가격을 낮추기에는 타산이 맞지 않았다. 여러 생각을 하다가 딸기와 체험 프로그램이 아닌 딸기 모종에 눈이 가기 시작했다. 딸기 농장에서 이미 딸기를 실컷 먹고 집에 가서 먹을 딸기마저 구매하여 더는 구매할 상품이 없다고 느끼는 고객에게도 딸기가 주렁주렁 달린 모종은 판매할 수 있다고 생각했다. 또한, 일반적으로 딸기 모종은 1주당 5,000원 정도를 생산하면 농사를 잘 지었다고 판단하는데 단가를 잘 설정하면 훨씬 더 높은 수익을 올릴 수 있었다. 곧장 회의에 돌입하여 '나만의 딸기 화분 만들기'라는 이름으로 상품을 기획하였다. 단순히 모종을 전시하여 판매하는 것이 아닌 고객이 직접 재배동으로 들어가서 모종을 선택하게 하는 일종의 체험 형식으로 방향을 정했다. 재방문율을 높이기 위해 농장에서 실제 사용하는 양액을 제공하며 다시 방문할 경우 양액을 작기 끝까지 원하는 만큼 제공하였다. 또한, 1회에 한해 모종이 죽어 농장에 가지고 오면 새로운 모종으로 바꿔주기까지 하였다. 기획 이후에는 미리캔버스라는 디자인 툴 홈페이지에 들어가서 이를 설명할 배너를 디자인한 후 바로 주문했다. 예상했던 대로 화분은 농장을 방문하는 고객들의 이목을 끌기 시작했고 이후에는 화분만 구매하기 위해 찾아오는 사람들도 늘어났다. 특히 아이들을 위해 교육 목적으로 구매하는 학부모가 많았는데 주로 찾아오는 주 고객층을 고려하며 기획했기에 생각보다 더 좋은 반응이 돌아왔다고 생각한다. 다만 아쉬운 점은 너무 급하게 일이 진행되어 전체적인 인테리어나 디테일을 더 세련되게 잡지 못했던 것이다. 딸기 모종을 담는 화분이나 양액을 담는 통, 모든 구성품을 담을 수 있는 상자까지 조금만 보완한다면 다음 작기에는 훨씬 더 완성도 있는 상품이 될 수 있을 것이다.

평일에는 일반 개인 체험 고객이 많지 않아 평일에 활동하는 유치원과 학교를 대상으로 영업하고자 했다. 일반적인 딸기 체험은 홍보 역량에 따라 예약률이 천차만별로 바뀔 수 있지만, 딸기가 아닌 새로운 방식으로도 교육 프로그램을 구성할 수 있다는 것을 깨달았다. 바로 스마트팜을 활용한 진로 체험이었다. 이미 진로 체험은 전국의 수많은 스마트팜에서 진행하고 있었다. 하지만 똑같은 스마트팜을 활용한 체험이라도 구성에 따라 수요자의 판단이 달라질 수 있다고 생각한다. 포천딸기힐링팜은 진로 체험과 더불어 딸기 모종에서 나오는 런너를 활용하여 새로운 프로그램을 만들었다. 딸기 작기 내내 모종에서는 끊임없이 런너라는 것이 나와 세력을 넓히려고 한다. 런너가 딸기에게 갈 에너지와 양분을 뺏기 때문에 보이는 즉시 제거를 해주어야 하는데 이를 체험에 활용하는 아이디어였다. 버려지는 런너를 가위로 끊어와 작은 화분에 핀으로 고정하여 심은 후 비닐봉지에 수분기를 머금게 한 후 밀봉시키는 방식의 체험이었다.

버려지는 런너를 새로운 방식으로 활용하여 교육적인 목적을 달성하는 동시에 체험을 위해 수량 관리를 안 해도 된다는 장점이 있다. 단편적인 사례일지라도 한정된 농지에서 새로운 아이디어를 통해 매출을 올린 사례일 것이다. 이처럼 작은 기획도 매출에 큰 기여를 할 수 있기 때문에 안주하지 않고 끊임없이 새로운 아이디어를 내야 한다고 생각한다.

↓ 농업의 연계성(공모전 & 경진대회)

포천딸기힐링팜에 와서 가장 인상 깊었던 것은 농업에 대해 열정적인 청년들이 농업 이외에도 이와 관련된 산업에도 많은 관심을 두고 있었다는 점이다. 농장에 도착한 첫날, 사무실은 2개의 그룹으로 나뉘어 회의하고 있어 제대로 인사조차 하지 못했다. 이틀 뒤에 마감인 농업 아이디어 공모전에 지원하기 위해 사업계획서를 마무리 짓고 있었기 때문이다. 당시 같이 입사한 동기와 함께 아무것도 모르지만 우리도 해보자며 무작정 아이디어를 쥐어짜서 같이 공모전에 지원하였다. 급조한 아이디어라 큰 기대를 하지는 않아 탈락해도 실망하지는 않았지만 이때부터 공모전이나 경진대회에 눈길이 갔다. 처음에는 아이디어 공모전으로 시작했지만 농업에 대한 생각을 정리해 나가며 이를 표현할 수 있는 농업 수기 공모전에도 관심이 가기 시작했다.

첫 공모전 지원 이후 농업 신문이나 일반 신문을 읽을 때도 항상 농업과 연계하는 방법이나 농산업 관련 아이디어로 연관 지어 생각하는 습관을 가지려고 했다. 사실 학교에 다니며 창업 동아리를 운영하였고 동시에 같은 아이디어로 여러 공모전에 나가며 사업계획서는 자신 있다고 생각하고 있었다. 하지만 큰 자만심에 대한 대가였는지 모든 공모전에서 탈락하는 처참한 결과를 받아들었다. 제대로 알지 못했기에 기획력이 부족했고 자연스레 전문성이 떨어져 눈에 띄는 기획안이 만들어질 수가 없는 상황이었다. 자신감이 떨어져 낙담하고 있을 무렵 수기 공모전이 눈에 들어왔다. 본격적으로 농업에 뛰어들며 떠오르는 생각이나 아이디어를 잊지 않기 위해 기록하는 습관을 갖기 시작했는데 이를 정리하고 수기로 작성하여 공모전에 내 이야기를 제출했다. 1등은 아니었지만, 자신감을 불어넣기에는 충분한 성과를 달성하였고 이후 심기일전하여 다른 대회를 준비하였다.

　여러 대회 중 대표님과 같이 준비했던 대회에서 가장 큰 성과를 거두었다. 대학원에서 전공했던 분야와 농업을 엮어 아이디어를 제시했는데 실제로 농업인에게도 너무 필요한 기획이었다. 워낙 기획안의 규모가 커서 실제로 실현될 수 있을지는 모르겠지만, 차근차근 아이디어를 고도화시켜 나갔다. 우리는 실제 농사를 짓고 있었기 때문에 농업에서 놓칠 수 있는 디테일과 실제 사용에 관한 부분까지도 잡을 수 있었다고 생각한다. 당시 설레는 마음으로 제출 전까지도 회의하며 밤을 새웠던 기억이 생생하다. SK하이닉스에서 주최한 사회문제해결 스타트업 아이디어 공모전에서는 쟁쟁한 팀을 제치고 결선에 진출했으며 환경부에서 주최한 공모전 역시 최종 발표 팀에 선발되었다. 결과는 SK하이닉스 공모전에서는 결선에서 고배를 마셨지만, 환경부 공모전에서는 아이디어 기획 부분에서 1위를 하여 환경부장관상을 받았고, 범정부 아이디어 공모전에 환경부 대표로 출전하는 영예를 얻을 수 있었다. 상을 떠나서 밤을 지새우며 치열하게 고민을 거듭했던 아이디어가 인정을 받았다는 사실에 가슴이 벅차오를 정도로 기뻤다. 이후에도 대표님과 사업화를 하는 방안을 고민하고 있으며 언젠가는 반드시 실현되어 농업인에게 실질적으로 도움이 되었으면 하는 바람이다.

정말 많은 대회에 지원했었는데 대회 성격에는 맞지 않아 떨어졌지만, 실제 사업화하기에 괜찮은 아이디어도 있었다. 남들이 해볼 수 없는 경험을 하고 온 팀원을 주축으로 꽤 오랜 시간 동안 구상을 했었다. 결과적으로 자본의 한계에 부딪히며 뜻하지 않게 보류가 됐지만 여건만 마련이 된다면 충분히 승산이 있다고 생각하고 언제든 기회를 도모할 수 있을 것이다. 이렇게 공모전과 경진대회를 지원하며 느낀 점과 농업인이라면 도전해 볼 가치가 있다고 생각한 이유는 다음과 같다.

첫째, 보조사업이나 지원사업에서 경쟁자 대비 강점을 가질 수 있다. 초기 자본이 부족한 예비 농업인은 정부나 지자체의 사업을 받는 것이 엄청난 도움이 될 수 있다. 하지만 지원서를 작성할 때 예비 농업인은 지원서가 대부분 공란이거나 적을 것이 많이 없는 경우가 대부분이다. 이때, 농업 관련 공모전이나 경진대회에서 입상한 기록이 있다면 단 1%라도 어필할 수 있는 부분이 된다고 생각한다.

둘째, 본업인 농업 이외에도 농업과 관련한 새로운 사업을 구상할 수 있다. 공모전 준비를 위해 탄생한 아이디어인 그린큐브라는 아이템은 실제 사업화를 위해 방안을 모색하고 있다. 당연히 무모해 보일 수도 있고 좌절할 수 있지만, 끊임없이 도전하여 새로운 사업이 완성되고 새롭게 수익을 창출할 수 있는 수단이 만들어질 수 있다고 생각한다. 매년 개최되는 농식품창업컨테스트만 보아도 농식품, 농업, 농촌에 기반을 둔 비즈니스 모델을 통해 창의적인 아이디어를 가진 팀이 쏟아져 나온다. 많은 스타트업과 개인이 참가하지만 개인적으로 농업인이 농업에 가장 최전선에 있으며 현실을 잘 알기에 다른 경쟁자보다 훨씬 더 현실적이고 실현 가능한 사업을 만들어 낼 수 있다고 확신한다.

셋째, 상금을 통한 추가 수익을 창출할 수 있다. 상금이라는 것은 당연히 경쟁력 있는 아이템으로 수상했을 때 가능한 것이라며 손사래를 칠 수도 있다. 당연히 어려워 보이고 익숙하지 않기에 두려울 수 있지만, 꼭 큰 대회만 보라는 법은 없다. 사진 공모전부터 시작해서 간단한 영상 편집으로도 가능한 영상 공모전도 있고, 슬로건과 표어 공모전도 생각보다 많다. 농작업을 하면서 아이디어를 내고 제출하여 수상한다면 이만한 가성비도 없다고 생각한다. 경험을 쌓고 자신감이 생기면 더 큰 공모전에도 도전하게 될 것이고 기획력 또한 처음과는 다른 수준으로 성장할 것이다.

∀ 다양한 농장 견학을 통한 시야 확장

포천딸기힐링팜에 오는 사람들은 딸기를 활용한 6차 산업을 꿈꾸는 사람, 스마트팜 자체를 원하는 사람, 농업을 경험해 보고자 하는 사람, 딸기를 활용한 1차 생산을 꿈꾸는 사람 등 정말 많은 사람이 다양한 생각과 의견을 가지고 교류를 하고 있었다. 하지만 아무래도 포천딸기힐링팜의 비즈니스 모델 자체가 딸기를 활용한 6차 산업이기 때문에 이에 관심 있는 사람의 비중이 더 컸다. 이와 같은 비즈니스 모델에 대해 깊이 있는 이야기를 하는 것은 좋았지만 다른 작물을 둘러보지도 않은 상태에서 확정 짓는 좁은 생각에 갇힐 수 있다는 생각이 들었다. 그렇기 때문에 이제 막 입문한 내 입장에서는 더욱 다양한 작물과 농장을 보고 배우며 교육을 받아야 할 필요성이 있다고 느꼈다. 그래서 당장 교육을 찾아보았지만 열린 교육이 적었고 간혹 들을 수 있는 교육이 열려도 일을 하고 있었기 때문에 일정이 맞지 않는 경우가 많았다. 하지만 프로그램을 통해 농가 견학을 가지 못한다고 해서 가만히 있을 수는 없다고 생각해서 사전에 연락을 드리고 직접 찾아가는 것으로 계획을 바꾸었다. 가고 싶은 곳도 찾아뵙고 싶은 분도 많았지만 모든 곳을 가볼 수는 없었기 때문에 어느 정도 기준을 정했다. 먼저 내가 원하는 지역에서 가장 높은 품질의 농산물을 생산하는 농가를 정했다.

먼저, 영농기술로 전국적으로 소문이 난 농업인을 찾아보았다. 해당 작물을 짧게는 수년에서 길게는 수십 년을 재배했기 때문에 작물의 특성부터 재배방법, 작물을 대하는 가치관까지 배울 수 있다고 생각했다. 하지만 기본적인 작물에 대한 생리는 배웠지만, 지역에 따라 재배방법이 달라질 수 있다. 딸기로 예를 들면 같은 품종인 설향을 재배한다고 하더라도 논산과 포천은 재배방식 자체가 다르다. 기본적인 교육을 받았더라도 해당 지역의 환경에 맞추어 변화를 줘야 한다. 따라서 내가 선택한 귀농 지역에서 가장 영농기술이 뛰어난 농가도 방문하고자 했다. 마지막으로 새로운 방식의 농업 혹은 특색 있는 아이디어 그리고 독특한 작물을 재배하는 농가도 찾아보았다. 새로운 아이디어를 도입한 농가는 기발한 아이디어로 독보적인 영역을 구축하고 자기만의 색을 찾아가는 것에 엄청난 자극을 받았다. 농업의 범위는 무궁무진하다고 생각하는데 미처 생각하지도 못한 형태의 농업을 보게 되면 눈과 귀가 번쩍 뜨이는 느낌이 들었다. 그러한 아이디어에 그동안 내가 보고 들은 것을 덧붙여 새로운 비즈니스 모델을 찾아낼 수도 있기에 새로운 자극은 언제나 도움이 된다고 생각했다.

처음에 딸기라는 작물을 보고 정말 여러 지역을 돌아다녔다. 강릉, 김해, 논산, 서산, 홍성, 순천, 포천, 강화도, 김제, 보령 등 갈 수 있는 기회가 주어지면 다 가보려고 노력하였다. 선도농가에서 상품을 보고 느낀 점은 똑같이 당도가 높고 상품성 있는 딸기지만 재배방법 자체가 판이한 경우도 많았다는 것이 놀라웠다. 심지어 교과서와 반대되는 방법으로 재배하는데 매우 좋은 상품이 나와 신기했던 적도 있었다. 이를 보며 농업에는 정답이 없으며 자기만의 가치관으로 기술을 만들어 나가는 것 또한 필요한 일이라는 생각이 들었다.

여러 농장을 다니며 더욱 자세한 질문을 할 수 있었던 것은 직접 농장에서 일하며 작물을 재배해 봤기 때문이라고 생각한다. 한 동에 얼마가 나오는지, 순이익은 얼마인지와 같은 질문은 하지 않았다. 내가 재배했던 방법과 다른 방법일 경우 어떤 이유로 이렇게 재배를 하는지 그리고 다른 농장과 차별화되는 개인적인 비결이나 유통 방법과 같은 종류의 질문을 했다. 전국에서 딸기로 가장 유명한 논산 안에서도 손꼽히는 딸기 마이스터님을 만날 기회가 있었는데 세밀한 질문을 하니 정말 좋아하시며 앉은 자리에서 딸기 재배 방법에 대해 4~5시간 가까이 이야기를 나눈 기억이 난다. 다른 귀농자와 다른 질문이어서 진심으로 농업에 대한 열정이 보였다며 오늘 이후에도 정기적으로 와서 배워도 된다고까지 말씀해 주셨다. 이를 통해 스스로 깊게 고민하고 치열하게 노력하는 흔적이 보였을 때 진심은 통한다는 것을 느꼈다.

딸기 체험 농장을 견학하면서 갖고 있던 고정관념이 깨진 적이 있었다. 딸기 마이스터님에게 뜻하지 않게 좋은 교육을 듣고 있었을 때, 갑자기 마이스터님의 제자가 농장에 문제가 생겨 상담할 것이 생겼다고 찾아왔다. 제자분과 인사를 나누고, 딸기 농장을 계획하며 궁금한 점이 있어 찾아왔다고 말을 했는데 선뜻 본인의 농장도 보여 주겠다고 하여 곧장 따라나섰다. 농장은 단동 하우스 기반으로 6차 산업을 영위하는 딸기 체험 농장이었다. 당시에는 좁은 시야로 딸기 체험 농장을 운영하려면 기본적으로 연동형 하우스 기반의 스마트팜을 활용한 모델만이 정답인 줄 알았다. 하지만 이 대표님을 만나며 생각이 바뀌게 되었다. 총 4동의 생산동과 1동의 체험동을 가지고 있었는데 모든 생산동 입구와 체험동이 맞닿게 설계를 하였다. 체험 공간 전체가 목재로 인테리어되어 있었는데 워낙 깔끔하다 보니 굉장히 포근한 느낌을 받았다. 연동하우스의 인테리어와 비교했을 때 절대 부족하다는 생각이 들지 않았다. 체험 프로그램 또한 퀄리티 높고 다양화되어 있어 고객에게 만족감을 주기에 전혀 부족함이 없었다. 하드웨어에 해당하는 농장의 외형이 중요하지 않다는 것은 아니지만, 소프트웨어에 해당하는 체험 프로그램이나 인테리어가 오히려 엄청난 경쟁력이 되어 충분히 극복할 수 있다는 것을 깨달았다. 또한, 대표님은 청년들의 도전의식을 높게 사며 진심 어린 조언을 해주었는데 그동안 들었던 것과는 전혀 다른 이야기였다. 보통 5억 융자 자금을 활용하는 것을 생각한다면 총 5억을 최대한 받아 본인 명의의 토지를 구매하고 시설을 올리는 것으로 계획을 잡는다. 하지만 대표님은 최대한 융자 자금을 적게 이용하고 토지 또한 임대로 활용하여 리스크를 줄이는 것이 좋은 전략이라고 설명했다. 심지어 베드조차 자부담이 아닌 지원사업을 활용해야 한다며 토경으로 시작하는 것이 젊었을 때는 훌륭한 초기 스타트 전략이 될 수 있다며 추천했다. 이 전략을 활용한다면 초기 자본금의 압박에서 벗어날 수 있는 동시에 자부담이 많이 들어가지 않기에 실패에 대한 부담이 줄어든다. 또한, 농업을 하며 남아 있는 5억의 융자 자금으로 정말 원하는 땅의 매물이 나올 때 충분한 탐색 이후 매입할 수 있다는 장점도 있다. 대표님 말씀을 들으니 사회초년생이 5억이라는 엄청난 금액을 안일하게 생각하고 실패에 대한 리스크를 많이 고려하지 않았다는 반성을 하게 되었다. 리스크를 줄이고 안정적으로 정착할 수 있는 이 방법 또한 견학을 다니지 않았다면 생각조차 못했을 것이다.

그동안 스스로 공부하고 사람들과 이야기도 나누고 선도농가도 다녀보며 느낀 것이지만 딸기는 정말 매력있는 작물이다. 그만큼 시장성이 있기에 귀농자가 선호하는 작물 1위로 선정이 되었을 것이다. 또한, 수요가 많고 시장 크기 자체가 거대하기에 신규 진입자가 많아도 크게 걱정을 하지 않아도 되며 정식하고 약 3달이라는 짧은 시간 안에 수확해서 현금 순환이 용이하다는 장점도 있다. 정말 많은 장점이 있고 재배 방법도 익혀가고 있었지만 다른 작물을 재배하는 농장을 가보며 더 끌리는 작물이 생겼다. 바로 가지이다. 가지는 장점에 비해 단점이 정말 많았지만 우선 생산자가 많지 않다는 것이 가장 큰 매력으로 다가왔다. 생산자가 많다면 재배 가이드라인이 명확하게 나와 있고 문제가 생겼을 때 대응 방안 또한 수도 없이 많이 나와 있다는 것이 큰 장점이다. 반대로 생산자가 적다는 것은 명확한 재배 방법이 마땅치 않으며 실험 데이터가 적다는 것을 의미하는 데 오히려 그런 점이 도전의식을 고취했다. 확실한 재배 방법을 만들어 농업 생태계에 작게나마 기여할 수 있고, 먼 미래일 수 있지만 나만의 기술이 생겨 후에는 교육 사업 또한 도모할 수 있을 것이라고 생각했다. 사실 여러 이야기를 가져다 댈 수 있겠지만 가장 큰 이유는 보자마자 다른 작물이 생각이 나지 않을 정도로 끌렸기 때문이다. 우선 작물에 조금이라도 더 애정이 가야 잘 키우기 위해 노력할 것이기에 크게 고민하지 않고 결정을 했던 것 같다.

결론적으로 선택한 작물을 변경한 것 또한 여러 농가에 견학을 다니며 보는 시야를 넓혔기 때문에 가능했다. 딸기 농장 이외에도 포천의 아쿠아포닉스 농장, 영광의 애플망고 농장, 홍성의 딸기 신품종 개발 전문 스타트업, 춘천의 쌈채소 농장, 보령의 고추 농장, 영월의 배추 농장, 다양한 스마트팜 박람회 등 최대한 많은 것을 보고 배우며 소화하려고 노력했다. 작물은 다를 수 있지만, 농업에 대한 가치관이나 농장 운영에 대한 노하우를 배울 수 있었다. 또한, 기르고 싶은 작물을 메인으로 두고 추가 수익을 위해 다른 작물을 병행하는 방법을 고민할 때도 큰 도움이 되는 조언들을 들었다. 선도농가를 견학하기 전과 후를 비교하자면 혼자 고민하던 허술한 계획은 더 세밀하게 보완이 되었고 농업을 바라보는 좁은 시야도 넓어졌으며 1차 생산을 넘어 연계할 수 있는 다른 사업을 바라볼 수 있는 계기도 생기게 되었다. 하지만 농장을 방문한다고 계획을 한다면 절대 농가 방문을 가볍게 생각해서는 안 된다. 농업인의 입장에서는 조금이라도 더 작업할 수 있는 정말 소중한 시간을 할애하여 생면부지의 사람을 상대하는 일이기 때문이다. 귀한 시간을 나에게 사용하는데 사전에 연락도 없이 찾아간다거나 무턱대고 찾아가 매출이나 순이익을 물어보는 것과 같은 행동은 농업인의 거부감을 살 수 있다. 내가 농장주는 아니었지만 포천딸기힐링팜에서 근무할 당시 이에 대해 생각해 볼 수 있는 일이 있었다. 영업시간이 지났는데 농장을 보고 싶으니 당연하다는 듯이 문을 열어달라며 화를 내던 사람이 있었다. 일반적으로 귀농자나 예비 농업인에게 호의적인 태도를 보이고 있었는데 다소 고압적인 태도에 불쾌감을 느낀 경험이 있다. 기본적인 작물의 생리나 매출 구조도 모르는 채로 와서 추천해 줄 것인지 묻거나 직접 매출이나 순이익을 묻는 사람 또한 정말 많았다. 사람인지라 방문하는 사람의 태도에 따라 대화의 폭이 결정될 수밖에 없다는 것을 직접 깨달은 순간이었다. 그래서 어느 농가를 방문하든 항상 사전에 연락을 취하고 빈손으로 가지 않으며 항상 메모하며 배우려는 태도로 다가갔다. 운이 좋아 감사하게도 좋은 분들을 많이 만나 유익한 조언을 많이 들었다. 일회성 방문에 그치지 않고 이후에도 꾸준히 연락하여 지속적인 교류를 하며 현재까지도 도움을 주시는 대표님들도 많다. 꾸준한 관계 맺음이 중요한 이유다.

∨ 교육의 중요성 = 인프라의 중요성

최근 귀농인이 늘어나다 보니 정부와 지자체도 예비 귀농인을 위한 양질의 영농 교육을 제공하기 위해 힘쓰고 있다. 농업 계열 학교를 나오지 않았거나 농업에 기반이 없다면 당연히 선택한 작물에 대한 영농 기술이 부족하기에 영농 교육을 들으면 큰 도움이 될 것이다. 작물의 생리와 재배 방법을 배우는 것은 당장 생계와 직결되기 때문에 영농 교육을 듣는 것은 매우 중요하다. 예비 귀농인 역시 교육을 통해 정착이나 귀농을 위한 치밀한 계획이 필요하므로 반드시 체계적인 교육이 필요하다. 차근차근 준비를 해나가고 성공을 위해 영농 교육을 받는 것이 중요하지만, 교육의 진짜 장점은 인프라 구축이라고 생각한다. 어떤 교육이든 공통으로 농업에 대한 꿈을 꾸며 같은 작물을 바라보는 사람들을 만나서 교류하는 것이 무엇과도 바꿀 수 없는 소중한 자산이기 때문이다. 특히 교육 이후에도 대부분 같은 수업을 들은 수강생들은 지속해서 교류하며 정보를 공유하고 발전적인 관계가 된다. 또한, 교육을 받았지만 실제 농업을 시작하면 배운 내용이 기억이 나지 않거나 활용을 못 하는 경우도 많은데 교육을 받았던 선도농가에 연락하여 조치를 취할 수 있는 것 역시 큰 장점이 될 수 있다. 전국에 같은 작물을 재배하는 동료와 해당 작물을 재배하는데 전국적으로 인정받은 전문 농업인이라는 인프라를 얻은 것은 무엇과도 바꿀 수 없다.

교육을 받으며 뜻하지 않은 기회를 잡아 새로운 사업을 펼치고 있는 사례도 있다. 포천딸기힐링팜에 같이 입사한 직원 중 한 명은 딸기 재배 기술을 배우기 위해 논산에서 현장실습 교육을 받았다. 교육 이후에 선도농가의 멘토링을 받기 위해 멘티 신청을 했는데 멘토가 현장실습 교육을 진행했던 대표님과 매칭이 된 것이다. 당시 대표님은 교육 사업 이외에도 국내가 아닌 해외에서 규모가 큰 스마트팜 프로젝트를 진행하고 있었다. 프로젝트 시작 전에 새로운 관리자를 선임해야 하는 상황이었는데 온실 운영 경험이 있으며 딸기 재배 기술이 확보된 열정 있는 청년 농업인을 찾고 있었다. 대표님이 교육을 진행하며 보아왔던 이 직원의 태도와 조건을 보니 완벽히 적합한 사람이었고 결국 그 자리에서 곧장 제안을 받게 되었다. 조건을 듣고 수락했고 엄청난 규모의 자금이 들어가는 대형 프로젝트에 관리자로 선임되었다. 현재는 출국하여 프로젝트를 진행하고 있으며 개인적으로는 해당 국가에서 농산물 유통과 관련된 사업을 기획 중이라는 소식을 들었다. 단편적일 수 있겠지만, 농업 인프라를 쌓아나가며 찾아온 기회를 놓치지 않은 중요한 사례라고 생각한다.

∨ 직접 거래를 해야 하는 이유

현재는 내 브랜드를 직접 운영하는 대표로 유통 및 마케팅 사업을 진행하고 있다. 특히 마케팅을 공부하며 여러 시행착오를 겪었는데 농업 마케팅도 크게 다르지 않기에 당장 활용할 수 있는 마케팅 방법을 소개하고자 한다.

　모든 예비 농업인 및 농업인은 다양한 교육을 들으며 직거래의 중요성을 귀에 못이 박이도록 많이 들었을 것이다. 공선장도 좋고 공판장도 좋지만, 고객과 직접 거래를 통해 유통 마진을 없애 수익률을 끌어올리는 것이 당연히 가장 좋은 방법일 것이다. 직거래가 활성화된다면 자체 브랜드로 키워갈 수도 있으며, 더 많은 충성 고객을 확보해 고정적인 매출을 일으킬 수 있기에 더욱 쉽게 직접 거래하는 방법을 설명하고자 한다.

　우선 고객을 확보하려면 일단 고객이 내 농장과 내 상품을 알아야 한다. 아무리 좋은 제품, 좋은 위치, 좋은 가격이라도 고객이 내 제품을 알지 못하면 구매할 수가 없기 때문이다. 그렇다면 어떻게 알려야 할까?

　인터넷을 활용하지 않고 알린다고 하면 농장 앞에 간판을 걸거나 전단지를 돌리거나 현수막을 붙이는 등 오프라인 고객 확보를 위해 노력해야 한다. 하지만 다양한 커뮤니티와 SNS를 포함하는 온라인이 활성화된 상황에서 같은 노력으로 더 높은 성과를 창출할 수 있는 온라인을 적극 공략해야 한다. 오프라인은 효과가 없으며 하지 말라는 뜻이 아니라 일에 쏟아부을 수 있는 시간이 한정되어 있기에 온라인을 활용하여 더욱 효과가 좋은 방식으로 시간 대비 높은 효용성을 뽑아내야 한다는 뜻이다.

∀ 지역 카페 활용하여 직접 판매로 마진 높이기

가장 좋은 효과가 나는 채널은 지역 카페라고 생각한다. 여기서 지역 카페라는 것은 온라인 커뮤니티에 해당한다. 대부분 네이버나 다음과 같은 포털사이트를 중심으로 형성되어 있지만, 다양한 메신저의 지역 단체 대화방 등 내 농장을 홍보할 수 있는 잠재 고객이 숨어 있는 곳을 다양하게 찾는 것이 좋다.

조금 더 구체적인 방법을 살펴보자. 예를 들어 논산이라는 지역에서, 딸기라는 작목을 선택했다면 잠재 고객으로 우선 논산 지역민을 생각해 볼 수 있다. 그렇다면 포털사이트에 논산과 관련된 모든 키워드를 검색하여 활성화되어 있는 카페는 모두 가입하는 것이 좋다. 가입으로 끝내는 것이 아니라 해당 카페에 진심을 담아 열과 성을 다해서 활동해야 한다. 왜냐하면 우리는 이 카페에 '내 딸기가 맛있다.' 혹은 '신선하다.' 등으로 홍보할 것인데 아무런 활동도 하지 않고 덩그러니 글만 쓴다면 당연히 홍보 글로 의심을 받기 때문이다. 포인트는 '나는 논산에 사는 지역민이며 카페에 애정을 갖고 열심히 활동하는 회원이다.'라는 인상을 줄 수 있게끔 활동하는 것이다. 일상의 사소한 일이나 순간을 공유하고, 궁금한 것이 있으면 질문 글도 올리는 등 활동 지수를 빠르게 끌어 올려야 한다. 해당 커뮤니티의 열성 회원이 되면 '발언권'이 생기기 때문이다.

이때 주의해야 할 점은, 제품 홍보 게시글을 올릴 때는 절대 허위나 과장을 해서는 안 된다는 것이다. 처음에는 효과가 있을

지 모르나 허위나 과장 광고를 통해 유입된 고객이 제품을 구매했을 때 만족시키지 못한다면 오히려 역효과가 날 수 있기 때문이다. 그래서 과장보다는 상품 구성을 특색있게 짜거나 가격이나 품질, 희소성 등에서 경쟁력을 갖춰 홍보하는 것이 훨씬 큰 성과를 거둘 수 있다.

앞서 논산에서 딸기를 재배한다고 가정했는데 지역 카페 이외에도 다양한 채널을 찾아야 한다. 고객이 어디에 숨어 있는지 브레인 스토밍을 통해 적극적으로 생각해 보자. 논산시만 두고 보면 비교적 도시의 규모가 작으니 인접한 대도시인 대전의 대형 카페를 노릴 수도 있다. 대전은 광역시기에 관련된 커뮤니티만 하더라도 셀 수 없을 만큼 많다. 논산에서 딸기 농장을 운영하는 내가 대전 시민들에게만 홍보해도 수많은 직거래 고객을 만들 수 있는 확률이 압도적으로 상승하는 것이다. 이웃한 대전 이외에도 세종, 전주, 익산, 군산, 천안, 아산 등 차로 가볍게 올 수 있는 거리에 속한 대도시를 최대한 공략한다면 고객 확보는 더욱 쉬워진다. 당장 마케팅 비용을 수백만 원에서 수천만 원을 지출하는 것보다 장담컨대 수백 배는 좋은 효과가 날 것이다. 실제로 소셜 쇼핑 사이트나 오픈 마켓에 무작정 제품을 올려놓고 팔릴 때까지 버티는 인디언 기우제식 방법보다도 훨씬 효과적이다.

↓ 사람들이 모여 있는 곳이라면 어디든

지역 커뮤니티 이외에도 온라인에서 사람들이 모여 있는 곳이라면 어느 곳이든 방법은 통할 수 있다.

순위	커뮤니티	콘텐츠 소비 지표			
1	dcinside.com	82.476 +0.3398	11	후갱이닷컴	8.751 +0.196
2	FM	66.158 -2.4503	12	보배드림	8.091 +0.2412
3	RULIWEB	22.813 -1.2669	13	MLBPARK	7.595 +0.1508
4	INVEN	20.715 -0.2973	14	eTOLAND	7.23 +0.0644
5	PPOMPPU	18.455 -0.1704	15	82cook	4.957 -0.2432
6		18.022 +0.2482	16	SLR	4.071 -0.0028
7	NATE판	14.677 +1.4474	17 ∧1	가생이닷컴	3.68 +0.653
8	CLIEN.net	13.166 +0.1759	18 ∨1	YGOSU	3.119 -0.0085
9		13.115 +0.5922	19	판지일보	3.008 +0.0496
10		9.834 -0.2875	20	오늘의유머	2.337 -0.0251

출처: 오늘의 베스트

위 사진은 우리나라 커뮤니티 순위를 콘텐츠 소비 지표로 나누어 순위별로 나눈 표다. 한 달간 방문자 수가 높은 커뮤니티는 무려 2억 명을 넘어서기도 한다. 물론 관심사별로 게시판이 나누어져 있고 모든 사용자의 주의를 끌 수는 없겠지만 극히 일부라도 고객으로 만들 수 있다면 이 역시 효과적인 광고가 될 것이다.

대형 커뮤니티는 광고에 예민해서 지역 카페보다 활동하기 까다로운 편이지만 결국 핵심은 같다. 바로 열성 회원이다. 열성 회원이 되기만 한다면 엄청난 방문자를 보유하고 있는 대형 커뮤니티에 자유롭게 농장과 제품을 홍보할 수 있다. 이를 위해 커뮤니티를 꾸준히 방문하며 언어와 문화를 익혀 열성 회원이 되는 것이 첫 번째 순서다. 특히, 청년 농부의 경우 온라인 환경에 익숙하고 트렌드 변화에 민감해서 더 쉽게 활동할 수 있을 것이다. 막대한 활동 지수를 쌓아 둔 계정은 언제든지 원할 때 광고 비용을 지출하지 않고 내 입맛에 맞게 홍보를 할 수 있는 무기가 된다.

∀ 실전 SNS 활용법

위에서 설명한 방법 이외에도 SNS라는 수단을 활용하여 제품과 농장을 하나의 브랜드로 만들 수 있다. 브랜드라고 해서 거창한 것이 아니라 본인의 스토리와 가치관 그리고 소신을 담아 담백하게 풀어내기만 한다면 그것이 하나의 브랜드가 되는 것이다. 당연히 사람이 가장 많이 모여 있는 곳에서 홍보하는 것이 투입 대비 가장 좋은 효과를 거둘 수 있다.

현재 가장 큰 효과가 날 수 있는 SNS는 인스타그램이다. 인스타그램에서 광고도 집행해 보고 게시물이나 릴스를 올려보는 등 어떤 것이 폭발적인 효과를 거둘 수 있는지 아무도 모르기 때문에 무엇이든 시도해 보는 것이 바람직하다고 생각한다. 시행착오를 줄이고 더욱 빠른 성장과 판매를 위해 그동안 여러 인스타그램 채널을 키우며 얻었던 간단한 팁을 공유하고자 한다.

인스타그램 아이디와 프로필 일치시키기

인스타그램에서 홍보를 시작하기 위해서는 가장 먼저 아이디부터 만들어야 한다. 아이디는 고객에게 내 농장과 제품을 소개하며 누구인지를 명확하게 알려주는 것이 중요하다. 요컨대 논산에서 딸기 농사를 짓는다고 하면 'nonsan_strawberry'와 같이 정확한 지역과 작물이 드러나게끔 아이디를 만들면 내가 누군지 소개할 필요도 없이 논산에서 딸기를 짓는 농장이라는 걸 전달할 수 있다. 물론 이런 방식만이 정답은 아니며 나를 알릴 수 있는 어떤 형태의 아이디도 좋은 방법이 될 수 있다.

다음으로 프로필 사진과 프로필을 정리하는 작업이 필수적이다. 궁금증을 유발해 프로필을 누르게끔 만들기 위해서는 사진 한 장만으로 이해시키는 것이 가장 효과적이기 때문이다. 더불어 프로필에 들어왔을 때 간단명료하게 소개가 되어 있거나 고객이 원하는 가치를 명확하게 제공할 수 있다면 구매 전환의 확률은 더욱 높아질 것이다.

strawberry_pocheon   팔로우   메시지 보내기

게시물 169   팔로워 1만   팔로우 1887

포천딸기힐링팜 공식 계정
커뮤니티
GAP인증 포천 프리미엄 고당도 🍓
1400평에서 즐기는 첨단 ICT스마트팜 🌱
다양한 체험 프로그램 😊 🙌
예약링크 👇👇👇👇
🔗 m.booking.naver.com/booking/12/bizes/502370/items/4222331?area=pll

[포천딸기힐링팜 공식 계정 인스타그램]

거창한 이미지 작업이나 대단한 프로필이 필요한 것은 아니다. 포천딸기힐링팜의 인스타그램으로 예를 들어보자. 포천 시내에서 놀러 갈 곳을 찾고 있는 아이 부모가 인스타그램에서 이런 계정을 발견했다. 이 잠재 고객은 프로필 사진과 아이디를 보고 클릭할 확률이 높다. 이어서 프로필로 들어왔을 때 소개가 한눈에 들어오기 쉽게 정리되어 있다면 짧은 시간 내에 명확하게 정보를 인지하고 피드에 있는 게시물을 눌러보는 행동까지 이어질 수 있다. 더불어 게시글에 상품과 농장 혹은 프로그램을 적절하게 홍보한다면 구매 전환까지 이어질 수 있다.

꾸준히 게시글 올리기

잠재 고객이 아이디와 프로필을 보고 들어와서 게시글을 보고 판단하기 위해서는 어느 정도 충분한 피드가 필요하다. 어렵게 생각할 것이 아니라 농사에 대한 가치관이나 잘 찍은 제품 사진, 깨끗한 농장 사진 등 담백하게 풀어내기만 해도 브랜드 기초 세팅은 끝난다. 여기에 간단한 동영상 편집이 가미된 깔끔한 영상이나 적절한 트렌드가 더해진 짧은 영상이 엄청난 조회수를 이끌어 낼 가능성도 있다. 꼭 영상이 아니더라도 앞서 말한 것처럼 예쁜 사진이나 잘 설명된 프로그램, 고객의 실제 사용 사진, 담백한 농부의 이야기 등 피드가 깨끗이 정리만 되어 있어도 가산점을 받을 수 있다. 단, 제품 및 브랜드와 관계없는 사진은 가급적 올리지 않는 것이 좋다. 개인 SNS 공간이 아니라 브랜딩과 홍보를 지향하는 곳이므로 무엇을 먹고 어디 카페에 갔다는 것과 같이 일상적인 이야기는 지양해야 한다.

온라인 전단 돌리기

이외에도 고객들에게 직접 여기에서 영업하고 있다고 꾸준히 알리는 작업이 필요하다. 소위 맞팔로우라고 해서 제품을 사주거나 농장에 찾아올 것 같은 잠재 고객을 대상으로 직접 팔로우를 거는 작업이다. 예를 들어 주 고객층이 40대 여성이라면 해당하는 이용자에게 팔로우를 눌러주면 된다. 팔로우를 누르면 상대방의 계정에는 내 프로필 사진, 아이디, 안내 문구가 알림창에

표시된다. 팔로우를 받은 사람의 경우 대부분 내 프로필로 들어오게 되는데 타깃을 정하고 하는 작업이어서 생각보다 훨씬 효과가 좋다. 인스타그램 맞팔로우 작업을 오프라인에서 전단을 돌리는 작업과 비교해 보자. 누가 고객이 될지도 모르는 상황에서 길거리에서 불특정 다수에게 전단을 돌리는 작업과 잠재 고객을 정해서 직접 알람을 전송하는 것 중에 무엇이 효과가 더 좋을까? 비용이나 물리적 장소, 많은 시간이 필요한 것도 아니기에 투입되는 비용 대비 효과는 확실하다. 그렇게 꾸준히 활동해서 팔로워를 모으면 잠재 고객이 많아지고, 인스타그램이라는 채널 하나만으로도 큰 매출을 낼 수 있는 구조를 만들 수 있다.

∀ 직접 느낀 SNS의 중요성

겨울이 지나고 봄이 끝나갈 무렵부터 딸기 체험농장에는 한파가 찾아온다. 날씨가 풀리며 하우스 내부와 같은 실내가 아닌 밖을 찾는 사람이 많아지기 때문이다. 또한, 제철 과일이 본격적으로 쏟아져 나와 딸기를 찾는 고객은 점점 줄어들어 간다. 포천딸기힐링팜 또한 예외는 아니라 이를 타개할 만한 대책이 필요했다. 수도권과 가까운 접근성에 완성도 높은 체험 프로그램이 있으며 농장 안에 축구장이 있어 체험 이후 아이들과 뛰어놀 수 있다는 차별성 있는 농장이라는 것을 고객에게 알리는 것이 급선무라고 판단했다. 고객을 유치하기 위해서 그동안 어떤 유형의 고객이 방문했는지를 생각해 보았다. 다양한 계층이 있었지만 30~40대 부부 중심의 아이를 포함한 가족이 80% 이상의 비중을 차지하고 있었다. 또한, 예약자 명단을 살펴보니 대부분 여성이라는 특징도 찾을 수 있었다. 따라서 30~40대 여성 고객을 타깃으로 홍보 전략을 세워야 한다는 결론을 내렸다. SNS로 홍보하기로 결정하였고 한국에서 30대와 40대가 가장 많이 사용하는 SNS를 찾아보았다. 인스타그램과 네이버 밴드의 비중이 압도적으로 높았는데, 네이버 밴드는 폐쇄적인 성격인 SNS라서 인스타그램을 메인 홍보 도구로 사용하기로 했다. 인스타그램 공식 계정 채널을 개설하였고 처음 마주하는 프로필부터 다른 체험 농장과 비교하여 경쟁력이 될 수 있는 차별점을 읽기 쉽게 작성하였다. 게시글 또한 차별점이 두드러지도록 사진을 찍어 게재하고 농장 정보나 주변 관광지, 청년 농부 스토리 등을 담아서 작성하였다. 그렇지만 영업을 개시한 지 얼마 지나지 않았기 때문에 단순히 계정을 만든다고 고객이 알아주지는 않았다. 따라서 고객에게 직접 농장을 알릴 필요성이 있다고 판단했다. 주 타깃 층이 이용할 것 같은 인스타그램 페이지를 정하고 해당 페이지의 최근 게시물에 반응을 한 사람들 모두에게 팔로잉 신청을 했다. 앉은 자리에서 불특정 다수가 아닌 잠재 고객에게 즉각적으로 홍보할 수 있으니 가성비가 좋다고 생각했다. 일주일 기준으로 최대 약 1,000명에게 홍보를 할 수 있었는데 시간이 지나자 실제로 저조했던 예약률이 눈에 띄게 상승하기 시작했다. 홍보 효과

인지 궁금해서 농장에서 체험을 진행하는 고객에게 농장을 접하게 된 경로를 물어봤는데 인스타그램을 보고 왔다는 고객이 50%가 넘었다. 인스타그램이라는 채널이 실제로 효과가 있다는 것을 깨닫게 되었고 광고 집행 비용을 들이지 않더라도 충분히 마케팅을 할 수 있다는 것을 깨달았다.

그 후 포천딸기힐링팜의 공식 인스타그램 계정을 관리하며 채널을 관리하는 것에 흥미가 생기기 시작했다. 특히 마케팅을 떠나 고객들과 소통하는 것이 즐거웠기에 내 채널을 개설하기로 했다. 예비 청년 농업인 입장의 영농창업을 준비하는 스토리를 보여주는 콘셉트로 인스타그램 채널을 만들었다. 영농창업을 준비하는 과정과 농업에 대한 생각, 농업 이슈 등을 올렸는데 단순히 사진만 올리는 것이 아니라 글에도 진심을 담기 위해 노력하였다. 청년 농업인이라는 콘셉트가 희소성 있거나 흥미 있는 사례는 아니지만 2022년 3월을 기준으로 감사하게도 약 6천 명가량의 팔로워와 소통을 하고 있다. 글을 보고 메시지로 따로 연락을 주셔서 대화하다 직접 만나게 된 일도 있었는데 농업인인 경우가 많아서 서로 다양한 정보를 주고받으며 아직도 교류를 이어나가고 있다. 만약 앞으로도 채널이 성장해 나간다면 더 많은 분과 소통하며 이후 내가 운영할 농장을 홍보할 수도 있을 것이다. 포천딸기힐링팜 이후 감성딸기밭에서 일할 때는 인플루언서의 영향력을 몸으로 체감하였다. 여느 때와 다름없이 체험 고객을 대상으로 안내를 하고 딸기 설명을 하고 있었다. 감성딸기밭은 기존의 딸기 체험 농장과는 다른 콘셉트의 6차 산업 농장이었다. 그러다 어떤 손님이 이러한 콘셉트가 마음에 들었는지 본인이 운영하고 있는 인스타그램의 채널에 올려도 되겠느냐고 물어보았다. 안 될 이유가 없었기에 올려도 된다고 말하고 채널을 확인하였는데 무려 20만 팔로워를 보유한 매크로 인플루언서였다. 채널은 부모님과 아이들이 갈 만한 장소를 직접 가본 후 상세한 정보와 함께 후기를 남기는 방식으로 운영되고 있었다. 홍보 효과가 좋을 것이라고 생각은 했지만 이렇게 클지는 상상하지 못했다. 대형 인스타그램 채널에 게시물이 올라가자마자 예약 가능한 숫자를 넘어버렸고 임시로 열어두었던 기간의 예약마저 꽉 차버려 감당이 되지 않을 만큼 문의 전화가 빗발쳤다. 결국 생각하지 않았던 기간까지 예약 날을 모두 오픈해야 했고 그마저도 순식간에 매진되었다. 한번 인플루언서의 영향력을 경험하니 SNS의 파급력과 홍보의 중요성을 다시금 깨닫게 되었다.

3장

현실적인 문제와 고민

∨ 스마트팜에 대한 환상

농업이라는 분야에서 일하며 본격적으로 준비하기 전에는 스마트팜이라는 말을 들었을 때 사실 엄청난 환상에 부풀어 있었던 것 같다. 몸 쓰는 일을 좋아해서 전에도 이따금 농업에 대한 진로를 생각해 본 나조차도 스마트팜에 대한 환상을 품었는데 농업을 모르는 사람들은 더한 상상을 할 수도 있을 것이다. 앞으로는 어떻게 될지 모르겠지만 현시점에 일반적으로 귀농하는 상황에서는 스마트팜에서 스마트가 아니라 팜이 더 많은 비중을 차지한다고 생각한다. 포천딸기힐링팜에 찾아오는 실습생 중에서도 장밋빛 미래를 상상하며 왔다가 육체적인 스트레스를 견디지 못하는 경우를 자주 봤다. 기본적으로 농업을 기반으로 하기 때문에 최소한의 육체노동은 피할 수가 없는데 이를 염두에 두지 않았기 때문일 것이다. 스마트팜이란 ICT 기술을 통해 복합적인 환경제어를 하며 데이터 기반의 정밀농업을 한다는 것이지 아직 자동화를 논하기에는 이른 단계라고 생각한다. ICT 기술의 발전 덕분에 시공간의 제약을 받지 않고 생육환경을 제어할 수 있어 노동력이 획기적으로 감소한 것은 맞지만, 아직도 해야 할 농작업이 쌓여 있다. 설령 수확이나 선별에서 자동화가 이루어졌다고 하더라도 모종을 가져와 상토를 준비하여 정식을 하고 작기 종료 후 철거를 하는 등 몸을 써야 하는 일이 없어질 수는 없다. 그래서 본인의 성향을 파악하는 것이 가장 중요한데 해보지 않아서 모르겠다면 인근 농장이나 실습이 가능한 곳에서 단 일주일이라도 직접 일을 해보는 것이 좋은 방법이 될 수 있다. 국가에서 제공하는 교육 가운데 일주일 정도 선도농가에서 임금을 받으며 짧은 시간 동안 농업을 경험할 수 있는 농업 일자리교육이라는 프로그램도 있으니 참고해 보는 것을 추천한다.

↓ 농업을 준비하며 바라는 제도의 변화

농업에 뛰어들기 전에 직접 일도 해보고 여러 사람에게 조언도 듣고 수많은 사업의 지침도 확인하는 동시에 영농 교육까지 받으면서 여러 생각이 들었다. 절대 쉽게 생각하지는 않았지만, 영농창업은 생각했던 것보다도 더 어려운 것이 현실이고, 현실과 제도의 괴리 때문에 발생하는 문제점 또한 많다. 예비 농업인으로서 변화하기를 바라는 제도에 대해 크게 2가지 정도 생각해 보았다.

첫 번째, 지자체별로 대출 기준이 다르다. 후계농업경영인(청년후계농, 일반후계농) 육성자금 지원사업은 정부 융자사업으로, 융자자금 5억에 대하여 5년 거치 20년 상환을 골자로 한다. 이때 사업 지침으로 청년후계농의 경우 3억 이하 대출에 대해 농림수산업자신용보증기금(이하 농신보)에서 95% 보증을 서고 나머지 5%는 개인 신용으로 진행한다고 명시되어 있다. 그러나 가장 중요한 대출 기준은 각 지역 대출 집행기관의 역량에 따른다. 즉, 사업 예정지로 어디를 고르느냐에 따라서 대출 집행이 나지 않을 수도 있다는 의미다. 청년들의 삶이 바뀔 수도 있는 중차대한 부분이 지역 농협 대부계의 판단에 좌지우지되는 것이다. 이에 대한 농협의 입장도 있겠지만, 애당초 이러한 입장 차이가 발생한다면 제도 개선이 필요하다고 생각한다. 막대한 금액과 엄청난 시간이 들어가는 상황에서, 사업 예정지를 잘못 골라 대출 집행이 나지 않는다면 얼마나 억울하겠는가?

두 번째, 사회 초년생에게 대출 금액에 상응하는 담보를 요구한다. 청년후계농 선발 전, 지역 농협에 찾아가 상담 신청을 했다. 사업에 선발된 여러 청년 농업인에게 대출을 못 받을 수도 있고 담보를 요구한다는 말을 들었기 때문이다. 당시에는 최대 3억까지 대출받을 수 있었는데 담당 직원은 대뜸 3억을 다 빌릴 것은 생각하지 않는 것이 좋다고 말했다. 게다가 정부와 별개로 실제로 대출을 진행하는 금융기관인 농협 입장에서는 대출 신청자의 담보도 필요하다는 것이다. 요컨대 3억을 빌린다면 3억의 가치에 해당하는 담보가 있어야 한다. 담보가 필요한 제도가 아니며 농신보가 95% 보증을 선다고 아무리 말해도 대화가 통하지 않았다. 오히려 청년후계농 대출 집행을 한 번 해본 것이 아니라며 농신보의 보증서를 끊어오더라도 금융기관은 담보가 필요하다고 했다. 귀농 예정지의 농협중앙회를 포함한 농협 총 여섯 군데를 갔지만, 자금 회수가 되지 않는 경우가 많다 보니 담보가 필요하다는 말만 돌아왔다. 사회 초년생이 농업을 시작하는 발판이 될 지원사업을 보고 승산이 있겠다고 판단한 것인데 담보 능력 요구로 시작조차 할 수 없는 상황이 된 것이다. 어떤 사회 초년생이 막대한 담보를 제공할 수 있는 능력이 있는지 묻고 싶다. 모든 기관의 입장이 이해가 안 되는 것은 아니지만 결국 농업을 꿈꾸는 청년들만 고스란히 피해를 보고 있었다. 이 같은 담보가 있어야 대출이 집행된다면 단순히 5억을 내세워 청년을 유혹할 것이 아니라 충분한 설명이 필요하다고 생각한다. 홍보할 때 담보 능력이 있고 자산이 확보된 청년의 경우라고 명시해야 더 피해를 보는 사람이 없을 것이다. 물론 이 역시 지역마다 차이가 있으므로 사업 준비 단계에서 반드시 해당 지역 금융기관 담당자와 상담을 먼저 진행하는 것을 추천한다.

↓ 백보 전진을 위한 일보 후퇴

2022년 1월, 그동안 꿈꿔왔고 계획해 왔던 것을 바탕으로 청년후계농 사업계획서를 작성하였고 서류에 합격했다는 문자를 받았다. 하지만 현실적인 이유로 마냥 기쁘지 않았다. 내가 원하는 지역에 대출 상담을 받으러 갔더니 담보가 없으면 대출을 받을 수 없으며 과거에도 담보 없이 대출한 사례가 없다고 한 것이다. 아무리 혼자 계획을 세우고 보완하고 컨설팅을 받아도 시작조차 하지 못한다면 시간 낭비일 뿐이라는 생각이 들었다.

농업에 도전하기 위해 1년이라는 시간을 준비했지만, 어떤 산업에 뛰어들기 전 1년은 정말 짧은 시간이었다. 전문성을 갖춘 것도 아니고 관련 인프라를 두텁게 쌓은 것도 아니었으며 산업 전반적인 흐름을 완벽하게 파악한 것도 아니었다. 어느 누가 처음부터 모든 것을 잘 해내겠느냐고 말할 수 있겠지만, 누구의 도움도 받지 않고 혼자 힘으로 해내기 위해서는 철저히 리스크를 줄여야 했다. 최대한 치밀하게 전략을 세우고자 했기에 급하게 생각하지 말고 한 걸음 돌아가자고 결정했다. 현재는 농장주라는 꿈을 잠시 내려놓고 더 확실하게 진입하기 위해 명확한 계획을 세워나가고 있다. 다른 일을 시작하면서 농업에 관한 정보나 기사를 챙겨보며 그동안 세웠던 계획에 대해서도 돌아보고 예산이나 사업 방향성도 수정하며 다듬기 위해서 노력하고 있다. 작물에 대한 전문성, 온실 설계, 농지법, 사업 방향성, 수익성 개선 등 다양한 사안에서 디테일을 잡아가며 하나의 거대한 사업으로 보고 치밀하게 준비해야 성공 확률을 높일 수 있다고 생각한다.

직접 농업에 뛰어들어 정책의 한계를 몸으로 느끼고 좌절도 했으나 정책은 반드시 나은 방향으로 바뀔 것이고 농업인의 지위도 달라질 것이다. 시간이 흘러 기후변화와 식량 안보의 중요성 증대로 농업의 위상은 높아지고 신규 농업인 육성 정책 또한 달라져 갈 것이다. 신규 농업인 육성을 위해 청년후계농이란 사업이 만들어져 개시되고, 제한적인 조건이 있지만 대출금의 규모가 커지고 거치 기간도 연장된 것에서 이를 확인해 볼 수 있다. 지속 가능한 영농 정착을 위해서 앞으로도 좋은 방향으로 바뀌어 나갈 것이라고 믿는다. 나 또한 보완점을 개선해 나가며 나은 조건에서 시작할 기회를 잡기 위해 노력하기로 마음먹었다. 농업이란 사업에서 큰 기회를 직접 보았기에 영농창업을 한다는 생각은 변함이 없다. 백보 전진을 위한 일보 후퇴라는 생각으로 철저히 준비하며 시야를 확장하고 더욱 꼼꼼히 계획을 세워나갈 것이다.

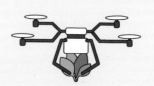
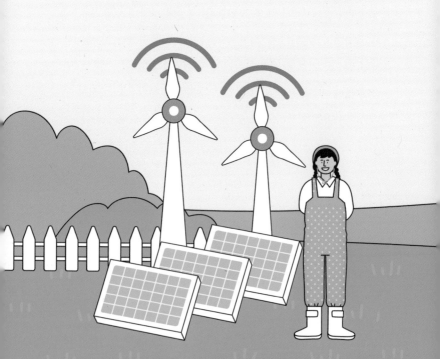

부 록

Q 영농창업을 결심한 계기는?

A 2018년도에 대기업 연구원으로 토목 관련 빅데이터, AI 연구를 하고 있었는데 매체에서 우연히 스마트팜을 접하게 되었다. 업무에서 활용하는 툴을 사용하여 운영하면 성과를 창출하고 새로운 인사이트를 얻을 수 있을 것이라 생각했다. 20년 가까이 농업에 대한 간접적인 경험이 있었기 때문에 농업에 대한 거부감도 없었다. 또한 농업은 하는 만큼 성과가 나는 몇 안 되는 정직한 업이라는 매력에 빠져 농업에 관심을 가지게 되었다. 나아가 누구보다 농업에 대한 미래 가능성이나 먹거리 사업의 중요성을 알고 있었기 때문에 창업자금이 준비되는 시점에 과감히 스마트팜 창업에 도전했다.

Q 스마트팜이란 무엇인가요?

A 일반인의 관점에서는 스마트팜을 오해하는 경우가 많다. 스마트팜이라 하면 고가의 유리온실이나 자동화 시스템이 들어가 있는 시설로 생각하는 사람이 많은데, 노지나 단동 하우스의 재래식 하우스나 연동 하우스, 농업을 하려는 시설 내에 ICT 환경 복합제어가 접목된 기술이라고 보면 된다. 결국에는 ICT 기술이 들어갔기 때문에 정보통신 기술을 통해서 무선 원격으로 농업을 할 수 있는 개념이라고 보면 된다.

Q 포천딸기힐링팜의 시설 구축기간은 어떻게 되나요?

A 설계에서 완공까지 약 11개월이라는 기간에 걸쳐 공사가 진행되고 완공되었다.

Q 구축을 위한 자금은 어떻게 마련하셨나요?

A 골조는 자부담으로 시공하고, 내부 스마트팜 시설에 대해서는 현대시설화사업, ICT 융복합 확산사업을 통해 50~60%의 보조금을 받아 구축했다.

Q 시설 구축 비용은 얼마인가요?

A 1,400평에 대한 총비용은 약 4.5억 원이 들었다.
골조, 보온재, 행잉거터 시스템, 양액 시스템, 고설베드, ICT 스마트팜 시스템, 전기승압 등 시설을 짓는 데 필요한 모든 비용이 포함된 금액이다.

Q ICT 융복합 확산사업에서 어떤 부분이 가장 큰 도움이 됐나요?

A 전문 컨설턴트의 상담을 통한 전문적인 지식 습득과 스마트팜 관련 (센서, 환경제어 시스템 등) 시설비 60% 지원을 통해 자금조달 부분에서 도움이 되었다. 또한, 사업을 통해 구축한 원격제어 시스템을 통해 노동력 및 에너지 절감 그리고 정량 관수에 따른 품질 및 수확량에도 많은 도움이 되고 있다.

Q 농장에 설치된 스마트팜 기계에 대해 소개해 주세요.

A 크게 네 가지 기술이 적용되었다.

첫째, 온실 내 지상부 환경 복합제어 시스템으로 클라우드 기반의 스마트팜이 적용되었다. 이를 통해서 작물의 생육 및 온실 내의 환경을 제어하는 기술들이 접목되어 있다.

둘째, 상하이동식 행잉거터 시스템이다. 공간 활용도 측면에서 약 150% 이상 효과를 보고 있다.

셋째, FCU 난방 시설이다. 에너지 효율을 극대화할 수 있도록 최적화로 설계되었으며, 넓은 공간에 딸기를 생육할 수 있는 적정 온도를 맞춰 줄 수 있는 시설이다.

마지막으로는 식물생장용 LED 시스템이다. 식물 생장에 필요한 광합성 파장대의 빛을 제공한다.

Q 스마트팜 설비 작동 원리를 소개해 주세요.

A 온실 내 전원 및 모터 제어 채널이 약 60여 개가 있다. 이 채널은 휴대폰이나 PC로 작물 최적의 생육 조건 환경을 제어할 수 있다. 제어에 필요한 전선을 스마트팜 패널에 연결하고, 아두이노 및 라즈베리파이와 같은 다양한 센서나 부품을 연결할 수 있고 입출력, 중앙처리장치가 포함된 기판에 신호를 준다. 신호가 스위치 역할을 하면 전기를 구동하는 릴레이에 전달되어 스마트팜 내 전원 및 모터가 작동하는 원리다. 최근 스마트팜은 인터넷 기반으로 되어 있기 때문에 실시간으로 원격 제어가 가능하다.

Q 스마트팜 시스템 도입 후 도움이 되었던 부분은 어떤 것이 있나요?

A 원격 제어 및 정밀 관수에 가장 큰 도움을 받았다. 이를 통해 온실에 사람이 없을 때도 전기, 모터부의 제어가 가능하게 되었다. 또한 작물을 키울 때 필요한 만큼의 영양분을 정밀 관수할 수 있다. 스마트팜 시스템 도입 후 노동력 및 에너지 절감 그리고 품질 향상과 수확량 증대에 도움이 되었다.

Q 주요 데이터 관리 및 활용은 어떤 것이 있나요?

A 주로 생육 정보와 환경 정보들이 있다. 모든 데이터는 클라우드 서버에 저장되며, 생육 환경 조건을 맞춰 주기 위해 제어했던 모든 기록은 데이터로 저장된다. 따라서 생육이 좋았을 때, 안 좋았을 때 그리고 병해충이 생겼을 때 데이터 인자별 상관성을 분석하고 솔루션을 찾아 최적의 환경 조건을 만들어 주고 있다.

Q 농업인이 스마트팜을 운영하는 데 있어 가장 필요한 것은 무엇인가요?

A 스마트팜을 운영하기 위해서는 사전에 체계적인 교육과 관련 지식이 있어야 한다고 생각한다. 국가에서 지원하는 스마트팜 관련 정부 교육(농업교육포털, 스마트팜코리아 등)이 많아서 다양한 프로그램들을 이용해 누구나 스마트팜의 관련 지식을 습득할 수 있다. 기본적인 작동원리를 이해한다면 농장 운영에 많은 도움이 될 것이다.

Q 스마트팜을 운영하기 위해 어떤 전공을 해야 할까요?

A 농업을 희망하는 청년들이 이 질문을 가장 많이 했던 것 같다. 스마트 팜을 운영하는 농업인이 되고자 한다면 농업 관련 학과에 진학하고 컴퓨터 관련 자격증 및 공부를 통해 역량을 키우라고 이야기해 주고 싶다. 이제는 디지털 농업이 주류 농업이 되어가고 있다. 스마트팜의 모든 기술은 컴퓨팅으로 구현되기 때문에 농업과 컴퓨터 역량을 겸 비한다면 스마트팜을 운영하는 데 도움이 될 것이라고 생각한다.

Q 스마트팜 온실 규격이 농촌진흥청 내재해형이 아니어도 보조사업 신청이 가능한가요?

A 가능하다. 온실 시설에 대한 보조사업 종류에 따라 지침을 보면 내재 해 설계기준 및 규격에 따라 시공을 추천 혹은 의무화하고 있다. 하지 만 지역, 재배방식, 기타 여건 등 현재 현실성과 맞지 않는다고 판단 되면 해당 시설이 지역별 내재해 설계기준(적설심, 풍속 등)을 상회하 는지 확인할 수 있도록 하고 구조기술사가 발급한 구조계산서를 제 출하면 된다. 구조계산서 발급 비용은 총사업비에 포함하여 지원할 수 있다. 또한 규격시설을 유지하고 있는 농가가 내부시설에 대한 보 조사업을 신청할 시 가산점을 주는 경우도 있다.

Q 매입한 농지 주변의 다른 농가에서 지하수를 사용하고 있다면 내가 희망하는 농지에서는 지하수가 안 나올 수도 있을까요?

A 지하수가 나올 수도 있고 안 나올 수도 있다. 지하수 관정 개발에 대한 기본적인 개념만 알고 있으면 되는데 개발하고자 하는 지하수 관정이 암반수면 크게 영향을 받지 않는다. 하지만 보통 건수라고 불리는 소형 관정을 개발했을 시 많은 영향을 주고받을 수 있다. 상황에 따라 기존 농가에 보상을 해줘야 하는 일이 있을 수 있으니 많이 알아보고 진행해야 한다.

Q 농업인의 정의가 무엇인가요?

A 농업인이란 농업에 종사하는 개인을 말한다. 다음의 어느 하나에 해당하면 농업인이다.

- 1,000㎡ 이상의 농지에서 농작물 또는 다년생식물을 경작 또는 재배하거나 1년 중 90일 이상 농업에 종사하는 사람
- 농지에 330㎡ 이상의 고정식 온실, 버섯 재배사, 비닐하우스 등 농업생산에 필요한 시설을 설치하여 농작물 또는 다년생식물을 경작 또는 재배하는 사람
- 대가축 2두, 중가축 10두, 소가축 100두, 가금 1천 수 또는 꿀벌 10군 이상을 사육하거나 1년 중 120일 이상 축산업에 종사하는 사람
- 농업경영으로 농산물의 연간 판매액이 120만 원 이상인 사람

Q 농업인의 혜택은 무엇이 있나요?

A • 국민연금과 건강보험료를 지원받을 수 있다.

• 농지 취득 시 취득세의 50%가 감면된다.

• 3년 이상 재촌자경 후 1년 이내에 대체 농지를 구입할 경우 당해 농지는 100% 양도세를 감면받을 수 있다.

• 재촌자경 8년 이후에 농지 양도 시 양도세 감면을 1억, 5년에 2억 까지 면제를 해준다.

• 주택이나 농업용 시설이 농지로 전용할 경우 농지전용부담금이 면 제된다.

• 농기계용 난방용 면세유를 구입할 수 있다.

• 자녀 대학 장학금 우선 지원 혜택이 있다.

• 대출 시 등록세와 채권에 대해서 면제를 해준다.

• 농지연금에 가입할 수 있다. 단, 영농조건이 5년 이상이어야 하고 만 60세 이상이 되어야 한다.

• 단위농협의 조합원에 가입할 수 있다. 조합원이 되면 적게는 3%, 많게는 5%까지 배당금을 받을 수 있다.

• 정부 직불금을 받을 수 있다.

• 농업용 전기를 사용할 수 있다.

Q 귀농 정책활용 및 청년후계농 지원을 위한 교육이수는 어디서 해 야 하나요?

A 농업교육포털 사이트(agriedu.net)에서 농림축산식품부(농정원 포함), 농촌진흥청, 산림청, 지자체가 주관 또는 위탁하는 교육을 수강하고 이수할 수 있다.

Q 귀농 농업창업 및 주택구입 사업대상자 조건은 무엇인가요?

A 사업대상자는 농촌지역 전입일로부터 만 5년이 지나지 않은 세대주로서 농촌에 실제 거주하면서 농업에 종사하고 있거나 하고자 하는 자로서 농촌지역 전입일을 기준으로 농촌지역 이주 직전에 1년 이상 지속해서 농촌 외의 지역에서 거주한 자이다. 아울러 농림축산식품부(농정원 포함), 농촌진흥청, 산림청, 지자체가 주관 또는 위탁하는 귀농ㆍ영농 교육을 100시간 이상 이수해야만 한다.

Q 농업인 사업자등록증 내야 할까요?

A 농업도 사업이기 때문에 사업자등록을 해야 한다. 하지만 농업은 면세사업자로서 사업자등록에 대한 실익이 없어 경영체등록만 하고 사업자등록은 하지 않는 경우가 많다. 6차 산업화 농업을 하는 농가는 과세하는 항목이 있다면 사업자등록증을 만들어야 한다. 아울러 인터넷 판매를 위해서는 사업자등록증이 필요하다.

Q 청년후계농 선정 후 담보가 없어도 후계농업경영인 육성자금 5억 전액대출이 가능할까요?

A 농림수산업자신용보증기금 보증 시 보증 비율 우대(95%) 및 보증심사 간소화를 통해 융자 지원을 하지만 실제 대출금액은 신청자의 담보가치 및 신용상태 등에 대한 대출취급기관의 평가에 따라 결정된다. 따라서 농지를 임차한 부지 내 시설에 대한 대출이 제한적일 수 있다.

Q 부부가 각각 청년후계농에 선발된다면 둘 다 정책자금 지원이 가능한가요?

A 부부(사실혼 관계 포함)가 각각 농업경영체로 등록한 경우에는 한 사람만 지급이 가능하나, 결혼 전 이미 청년후계농으로 선발된 지원금 지급대상자 간의 결혼 시 부부 개인별 독립경영(경영주)을 유지할 경우 각각 지원금을 받을 수 있다.

Q 본인, 배우자의 직계존속의 땅을 증여받아도 청년후계농 선정이 가능할까요?

A 가능하다. 독립경영은 신청자 본인 명의의 농지·시설 등 영농기반을 마련하고(임차 등 포함), 「농어업경영체 육성법」에 따른 농업경영정보(경영주)를 등록한 후, 본인이 직접 영농에 종사(영농계획서상 주 품목)하는 경우에 인정한다. 하지만 배우자, 본인의 직계존속 또는 배우자의 직계존속으로부터 농지·시설을 임차하는 것은 독립 영농기반 마련으로 인정하지 않는다.

Q 청년후계농 선발 후 영농창업을 위해 지원할 수 있는 지원 및 보조사업의 종류에는 어떤 것들이 있나요?

A 대부분 지원이 가능하다. 청년 그리고 창업이라는 관점에서 농림부뿐만 아니라 타 부처의 지원 사업도 받을 수 있다. 정부 보조사업, 사업화 자금, 융자 자금, 바우처 사업 등 활용이 가능하다.

Q 영농정착 과정에서 아쉬웠던 점이나 바뀌었으면 싶은 정부정책은?

A 현재 농장에서 한 달에 2명씩 인턴을 받아 1년에 24명 정도 젊은 청년들의 스토리를 듣고 있다. 제도에 선정된 친구들의 5억 융자 자금은 보통 신용 보증으로 농신보에서 해주긴 하는데 시설에 대한 부분은 융자를 못 받는 사례가 많아서 부모님께 자금을 빌리는 경우가 대부분이다. 최근 융자 거치기간이 3년에서 5년으로 늘어났음에도 짧다는 의견이 대부분이었다. 2019년 이전 정책 선정자는 3억에 대해 3년 거치, 7년 상환이다. 2019년도 선정자인 필자는 2023년 7월부터 원금+이자를 7년 동안 매년 5천만 원 이상을 상환해야 한다.

Q 영농창업을 희망하는 사람들에게 한마디 전한다면?

A 농업을 농사로 접근하지 말고 창업, 사업적, 비즈니스 마인드로 접근하라고 말해주고 싶다. 농업 쪽의 창업이 어떤 사업보다도 힘든 사업 중 하나라고 생각한다. 땅을 기반으로 하는 창업이다 보니 농지, 지하수 관정개발, 인허가, 시설, 판로, 유통, 세무 등 모든 부분을 알아야 하며, 안정적으로 정착하기 위해서는 체계적인 준비와 교육과정이 필요하다. 흔히 말하는 것처럼 '할 것도 없는데 시골 가서 농사나 지어야겠다'라는 생각이라면 실패할 확률이 매우 높다. 많은 교육과 정부 프로그램을 이용하면 좋다. 또한, 지금부터 농업을 융복합산업이라고 생각한다면 모든 분야에 접목할 수 있다. 관광, 자연, 과학, 교육, 문화, 역사 등 다양한 분야와 접목하여 영농창업의 부가가치를 창출할 수 있도록 준비해야 한다. 특히 자본금이 부족하지만 아이디어가 많은 청년의 경우 이를 100% 활용한다면 특색을 가지고 새로운 시장을 만들어 낼 수 있으리라 확신한다.

☑ 영농분야

지하수 관정개발 개념도

지하수 관정은 굴착직경과 심도 그리고 지하 매질에 따라 소형관정, 중형관정 그리고 대형관정으로 나누며 이들을 줄여서 간단히 소공, 중공 그리고 대공이라고 부른다.

소공은 일반적으로 건수(천부 토양층 내 지하수), 중~대공은 암반수(암반 내 지하수)로 보면 된다.

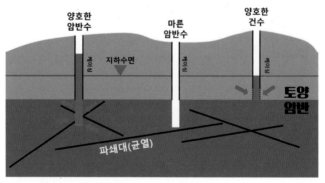

케이싱 : 관정 설치 시 관정 측벽의 암체나 퇴적물의 붕괴를 방지하기 위해서 공 내부에 영구적으로 설치하는 파이프

농지 매입 전 확인사항

STEP1 — 벨류맵(농지매물검색)
STEP2 — 토지이용규제정보서비스
STEP3 — 국가지하수정보센터

STEP1 **밸류맵** : 토지 실거래 정보 플랫폼

STEP2 **토지이용규제정보서비스** : 농지소유자가 자신의 농지에서 개발행위를 하고자 할 때, 가능 여부를 확인할 수 있는 서비스

STEP3 **국가지하수정보센터** : 전국의 지하수 수량, 수질, 이용실태 등 모든 지하수 정보를 수집·관리하고, 대국민 지하수 정보 서비스를 하고 운영하는 기관(메뉴 – 지하수정보지도)

농업인 취득세 감면(표)

(단위 : %)

취득구분		취득세율	농특세율	지방교육세율	합계	비고
일반부동산(주택 외)		4.00	0.20	0.40	4.60	정상세율
상속부동산(농지 외)		2.80	0.20	0.16	3.16	–
농지관련	일반농지	3.00	0.20	0.20	3.40	–
	자경농민	1.50	–	0.10	1.60	농특세면제
	귀농인	1.50	–	0.10	1.60	농특세면제
	상속농지	2.30	0.20	0.20	2.56	–
	자경농민 상속농지	0.15	–	0.03	0.18	농특세면제

농지 등 농업인 취득세 관련 면제 혜택

홈페이지 : www.akaf.or.kr

세금 면제 및 환급 : 유튜브 '안스팜티비' 참고

농지 경계 측량

농지의 정확한 경계를 측정하고자 할 때 지적측량 바로처리센터 홈페이지에서 신청이 가능하고, 신청 및 신청결과까지 온라인으로 편하게 확인할 수 있다.

홈페이지 : baro.lx.or.kr

농지 점유취득시효

정의	부동산을 일정 기간 점유한 사람이 등기함으로써 소유권을 취득할 수 있는 것
성립 요건	1. 20년간 소유 의사를 갖고 계속 점유해야 함 2. 강제로 점유해선 안 됨 3. 점유 사실을 누구나 알 수 있어야 함
기타	• 등기청구권은 점유취득시효 완성 후 10년 내 행사하지 않으면 상실 • 등기청구권은 점유취득시효 완성 당시 소유자에게만 행사 가능 • 점유자가 등기청구권 행사하기 전이면 해당 부동산 처분 가능, 반면 행사 후면 처분 불가

내재해형 시방서 확인 방법

대설, 강풍 등 기상재해로 인한 원예특작시설 부문의 경제적 손실 등을 최소화하기 위해 원예특작시설 내재해형 기준을 마련하여 운

영하는 설계 및 시방서를 확인할 수 있다. 대부분의 예비 농업인이 하우스 시설에 대한 정보를 얻는 것 자체를 힘들어 하는데 한국농업시설협회 홈페이지에서는 대부분의 정보를 얻을 수 있다. 단동형 하우스부터 연동형 하우스까지 대부분의 재원과 규격이 나와 있으니 자세하게 보면서 공부하면 큰 도움이 된다.

홈페이지 : www.akaf.or.kr

자료위치 : 메뉴 – 자료실 – 내재해형 고시 설계도 및 시방서 다운로드

온실 내부 무료 설계 프로그램

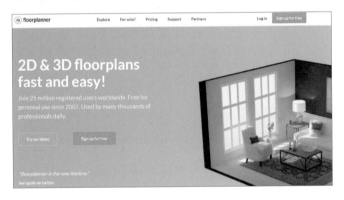

온실뿐만 아니라 가설물 등을 쉽게 디자인할 수 있는 무료 설계 프로그램이다.

홈페이지 : www.floorplanner.com

로그인 : 구글아이디 호환

설계방법 : 유튜브 '안스팜티비' 참고

농기계임대사업소

목적 : 농업인들의 농기계 구입비를 낮추고 농작업 효율을 높여 농가소득 증가에 이바지하고자 농업인의 농기계 안전사용교육 추진, 신기종 농기계와 이용률이 높은 농기계를 확보하여 운영 목적

사업기간 : 연중

사업대상 : 관내 거주 농업인

사업문의 : 관내 농업기술센터

사용료

번호	기종명	사용료	번호	기종명	사용료
1	S.S기	73,000원 / 1일	25	원형베일러	111,000원 / 1일
2	감자수확기(경)	10,000원 / 1일	26	이앙기(보행)	17,000원 / 1일
3	감자수확기(트)	20,000원 / 1일	27	이앙기(승용)	73,000~111,000원 / 1일
4	관리기(보행)	13,000원 / 1일	28	인력파종기(보행)	10,000원 / 1일
5	관리기(승용)	56,000원 / 1일	29	자주식베일러	180,000원 / 1일
6	농용굴착기(1톤)	94,000원 / 1일	30	잔가지파쇄기	32,000~40,000원 / 1일
7	농용굴착기(1.7톤)	111,000원 / 1일	31	쟁기(트)	11,000~24,000원 / 1일
8	농용굴착기(2톤)	136,000원 / 1일	32	조피제거기(보행)	13,000~17,000원 / 1일
9	돌수집기(트)	24,000원 / 1일	33	콤바인(탱크식)	180,000원 / 1일
10	동력예초기(4륜)	73,000원 / 1일	34	콤바인(자루식)	136,000~158,000원 / 1일
11	동력예초기(2륜)	56,000원 / 1일	35	콩예취기(보행)	24,000원 / 1일
12	동력운반차(대동)	73,000원 / 1일	36	콩정선선별기(설치형)	10,000원 / 1일
13	동력운반차(한성)	56,000원 / 1일	37	콩정선기(모터)	5,000원 / 1일
14	동력파종기(보행)	20,000원 / 1일	38	콩탈곡기(모터)	11,000원 / 1일
15	들깨탈곡기	11,000원 / 1일	39	콩탈곡기(자주식)	35,000~40,000원 / 1일

16	고구마수확기(트)	20,000원 / 1일	40	트랙터(28마력)	56,000원 / 1일
17	랩핑기(트)	111,000원 / 1일	41	트랙터(40마력대)	73,000~94,000원 / 1일
18	모우어(트)	56,000원 / 1일	42	트랙터(50마력대)	111,000~136,000원 / 1일
19	목초예초기(보행)	24,000원 / 1일	43	트랙터(60마력대)	158,000~180,000원 / 1일
20	반전집초기(트)	17,000원 / 1일	44	트랙터(70마력이상)	180,000원 / 1일
21	비료살포기(트)	13,000원 / 1일	45	파이프밴딩성형기	20,000원 / 1일
22	스키드로더	111,000~136,000원 / 1일	46	파종기(트)	24,000원 / 1일
23	심경로타리(트)	17,000원 / 1일	47	논두렁조성기	20,000원 / 1일
24	옥수수확기	94,000원 / 1일	48	휴립복토기(트)	24,000원 / 1일

출처: 남양주농업기술센터 농기계임대사업소

사업자별 부가가치세 과세

구분	일반과세자	간이과세자	면세사업자
해당 사업	일반적 사업 (공산품) 농산물가공품 판매	소규모 농산물 가공품 판매	농산물 재배, 판매 일부 농산물 가공품
신고	반기별, 분기별	연 1회 (1월 1일~1월 25일)	없음 면세사업장 현황신고
매출세액	공급가액×10%	공급대가×업종별 부가가치율×10%	없음
매입세액 공제	전액공제	• 매입세액x업종별 부가가치율 • 세금계산서 등을 발급받은 매입액 (공급대가)x0.5% (2021년 7월부터)	원칙적 불가 일부 농기자재 매입 할 때 가능

세금 계산서 발급	발급의무	매출액 기준 4,800만 원 이상 발급의무	세금계산서 발급 불가 계산서 발급 가능

농업인 관련 보험

1. 농작물재해보험

목적 : 태풍 등의 자연재해로 발생한 농작물의 피해를 보전하기 위해 2001년부터 시행한 제도

가입방법 : 가입 시기는 작물별로 상이할 수 있으니 가까운 지역 농·축협과 품목농협에 문의

보험상품	보험료 지원	
	정부	지자체
과수작물	38~60%	15~40%
밭작물	50%	
원예시설		
벼·맥류		
버섯		

보험가입 : 지역 농협, NH농협손해보험 ☎ 1644-9000

2. 농업인 안전보험

목적 : 농사일을 하면서 발생하는 사고, 질환 등을 종합적으로 보장

가입대상 : 산재보상보험에 가입하지 않은 만 15~84세 농림업인

보험금 지급 대상 : 개인형/부부형(보험기간 : 1년)

보험료 지원 : 보험료의 50%는 정부에서 지원(매년 가입 필요) · 보험금 지급 내용사고 발생 시 '사고현장 기록 및 진단서'에 작업 중 사고 발생 기입

보험료 지급 내용

- **기본계약** : 최대 1,000만 원까지 보장
- 진단비, 치료비, 입원비, 노동력 상실, 유족위로 보험금 등 지급

보험가입 : 지역 농협, NH농협손해보험 ☎ 1644-9000

3. 농작업 근로자 보험

목적 : 농업인이 고용한 피고용인들이 다쳤을 때 보상금을 줄 수 있는 보험

가입대상 : 만 20~84세의 농업 일용근로자를 고용하는 농장주 또는 농업법인(1일~89일)

보험금 지급 대상 : 피고용된 일용직 농작업수행자(보험기간 : 1일~89일)

보험료 지원 : 보험료 50%는 정부에서 지원

보험료 지급 내용 : 재해로 인한 골절, 장해, 입원, 치료 급여금, 감염병 진단 급여금, 재해/열사병 사망보험금, 노동력 상실 보험금 등

보험가입 : 지역 농협, NH농협손해보험 ☎ 1644-9000

4. 농기계 종합보험

목적 : 농기계 운행 중 사고에 대한 인적·물적 피해 보장

가입대상 : 농기계(12종)를 소유 또는 관리하는 만 18세 이상의 농업인 또는 농업법인(지역농협 포함) 종사자 중 농기계 운전이 가능한 자

보험금 지급 대상 : 피고용된 일용직 농작업수행자(보험기간 : 1일~89일)

보험료 지원 : 보험료 50%는 정부에서 지원

보험료 지급 내용 : 농기계의 손상, 농기계로 인한 사용자의 손상, 농기계로 인한 상대방의 손상, 농기계로 인한 상대방 농기계의 손상 비용 보장

보험가입 : 지역 농협, NH농협손해보험 ☎ 1644-9000

농업인 관련 사이트

1. 농사로

목적 : 맞춤형 농업정보를 제공하는 사이트. 농업 기술 정보, 작목별 매뉴얼, 최신 농업 트렌드 등을 제공

특징 : 9천 건 이상의 작목 기술정보와 9백만 건 이상의 농업 관련 콘텐츠, 농업 기술, 농업용어사전, 작목별 매뉴얼, 이해하기 쉬운 영상형식 농업 기술 정보 제공

주소 : www.nongsaro.go.kr

2. 농업날씨 365

목적 : 농업 기상 관측 지점에서 수집한 농업기상 관측자료, 분석
자료, 응용 정보 및 지도 정보 제공

특징 : 작물별, 지역별, 기간별 기상 관측자료 열람 가능

주소 : weather.rda.go.kr/w/

기타 주요 홈페이지

농림축산식품부 : www.mafra.go.kr/

농림수산식품교육문화정보원 : www.epis.or.kr/

농촌진흥청 : www.rda.go.kr/

한국농어촌공사 : www.ekr.or.kr/

농림수산업자신용보증기금 : nongshinbo.nonghyup.com/

농업ON농식품지식정보서비스 : www.agrion.kr/portal/main/
portalMain.do

농어촌알리미 : www.alimi.or.kr/

한국농촌경제연구원 : www.krei.re.kr/

한국농수산식품유통공사(aT) : www.at.or.kr/

농업진흥사업 종합관리시스템 : atis.rda.go.kr/

농업교육포털 : www.agriedu.net/

한국농업기술진흥원 : www.koat.or.kr

농업과학도서관 : lib.rda.go.kr/

국립농업과학원 : www.naas.go.kr/

농촌진흥청 블로그 농다락 : blog.naver.com/rda2448

국립원예특작과학원 : www.nihhs.go.kr/

국립식량과학원 : www.nics.go.kr/

국립축산과학원 : www.nias.go.kr/

☑ 정책분야

청년후계농 영농정착 지원사업

목적 : 영농 창업 초기 소득 불안정을 겪는 청년 농업인의 영농정착을 지원하여 젊고 유능한 인재의 농업 분야 진출을 촉진하기 위한 정책

자격 : 만 18세 이상~만 40세 미만

영농경력 : 독립경영 3년 이하(예비농업인 포함)

제한 : 건강보험료 등 일정소득 이상인 자는 신청 제외

지원사항

1) 영농정착 지원금(1년 차 100만 원/월, 2년 차 90만 원/월, 3년 차 80만 원/월)

2) 창업자금 및 농지 지원

3) 영농기술 교육 및 컨설팅 지원

사업신청 : 지자체 농업기술센터 또는 농업행정부서

홈페이지 : www.agrix.co.kr

후계농업경영인 육성사업

목적 : 농업 발전을 이끌어 나갈 유망한 예비 농업인 및 농업경영인을 발굴하여 일정 기간 자금·교육·컨설팅 등을 종합적으로 지원하여 정예 농업인력으로 육성

지원 자격 및 요건

1) 연령 : 사업 시행연도 기준 만 18세 이상~만 50세 미만

2) 독립 영농경력 : 영농에 종사한 경력이 없거나 10년 이하

3) 교육실적 : 대학의 농업 관련 학과나 농업계 고등학교를 졸업하였거나 시장·군수·구청장이 인정한 농업 교육기관에서 관련 교육을 이수한 자

4) 병역 : 미필자도 신청은 가능하나, 2022년도 산업기능요원 편입 대상자가 아닌 병역 미필자의 후계농 자금 대출은 군 복무 완료 후 신청 가능

5) 대출 신청기간 : 후계농업경영인 선정 후 5년

6) 대출한도 : 세대당 최대 5억 원

7) 대출(상환)기간 : 5년 거치 20년 원금 균등분할 상환

8) 대출금리 : 연리 1.5%(고정금리)

9) 사업신청 : 지자체 농업기술센터 또는 농업행정부서

귀농 농업창업 및 주택구입비 사업

목적 : 귀농인이 농업창업에 필요한 농지, 시설 마련과 주택 구입·신축에 필요한 자금을 시중 은행보다 저금리(2%)로 장기간(5년 거치 10년 상환) 대출해 주는 사업(농업 창업 3억 원, 주택 7,500만 원 한도)

사업대상자 : 농촌이주 전 도시 거주 및 비농업분야 종사, 농촌지역 전입 5년 이내, 귀농귀촌 관련 교육 100시간 이상 이수 등의 지원자격 및 요건 충족 필요

사업신청 : 지자체 농업기술센터 또는 농업행정부서

홈페이지 : www.returnfarm.com

농지은행사업

목적 : 영농규모 적정화, 농지의 효율적 이용, 농업구조개선, 농지시장 안정 및 농업인의 소득 안정을 위해 농지와 관련된 다양한 정책 사업을 추진하여 농업·농촌의 경제·사회적 발전 도모

공공임대용 농지매입 : 이농·직업 전환, 고령·질병·상속, 농업경영에 이용되지 않는 농업인 소유의 농지 등을 매입

농지매매 : 비농업인, 전업·은퇴농가 등의 농지를 매입하여 전업농 육성대상자, 전업농업인, 농업법인 등에 농지를 매도

지원조건 : 연리 1%, 11~30년 균등분할 상환

지원상한 인상 : 논·밭 4만 원/3.3㎡(단, 생애첫농지취득지원은 8만 3천 원/3.3㎡)

임차임대 : 직업전환·은퇴농업인 등의 농지를 장기 임차하여 전업

농육성대상자, 전업농업인, 농업법인 등에 장기 임대(5~10년)

교환분합 : 교환분합 차액, 경지정리 집단환지 시 청산금 지원

* 지원조건 : 연리 1%, 10년 균등분할 상환

홈페이지 : www.fbo.or.kr

맞춤형 농지지원사업

목적 : 고령은퇴, 이농 · 직업전환, 농업경영에 이용되지 않는 농업인 소유의 농지, 비농업인(상속 · 이농)의 소유농지 등을 매입하고, 이를 2030세대 등 젊은 농업인 등에게 지원하여 농지시장 안정 및 농지이용의 효율화

사업대상자 : 전업농육성대상자, 전업농업인, 농업법인, 영농복귀자

지원사항

1) 농지매매 : 공사가 매입한 농지를 사업 지원대상자에게 매도

2) 생애첫농지취득지원 : 공사가 매입한 농지를 사업지원대상자에게 농지매매 지원

3) 임차농지 임대 : 공사가 임차한 농지를 지원대상자에게 임대

4) 비축농지 임대 : 공사가 매입 · 소유한 농지를 지원대상자에게 임대

5) 비축농지 매입조건부 임대 : 공사가 매입 · 소유한 농지를 지원대상자에게 임대하고 임대기간 종료 후 매도

6) 농지의 교환 또는 분리 · 합병

사업신청 : 한국농어촌공사 지사 또는 농지은행포털

청년농촌보금자리조성사업

목적 : 귀농·귀촌인 등 농촌 청년층의 주거부담 완화를 위해 공공 임대주택 건설 및 관리, 청년 농업인 및 신혼부부 대상 주택 제공, 농촌지역에 커뮤니티 시설 조성 및 운영으로 청년 유입 촉진

사업대상자 : 만 40세 미만 청년 농업인 및 신혼부부 중 입주자 선정 기준에 부합하는 자

담당기관 : 농림축산식품부 농촌계획과 등 관련 기관

청년농 2040 창업 투자 심층컨설팅

목적 : 2040세대 농업인 대상 대규모 영농투자 전 기술, 경영분야의 심층컨설팅을 통해 농업투자 실패 예방 및 적정 투자 유도, 투자 전후 사후관리(정기멘토링, 방문자문) 지원

사업대상자 : 개별 또는 법인 경영체로 사업신청일 기준 2040세대 청년농업인으로서 심층컨설팅 완료 후 1년 이내에 1억 원 이상의 농업투자를 준비 중이며, 농업경영체로 등록된 자

사업신청 : 사업신청서, 투자계획서, 신청 관련 서류를 구비하여 운영기관(한국농수산대)에 방문 또는 우편 신청

스마트팜 ICT 융복합 확산사업(온실신축)

목적 : ICT 융복합 시설 및 연계 시설 등을 포함한 철골(유리, 경질판) 및 자동화 비닐 온실 신·개축 비용 지원하여 FTA 등 시장개방에 대응 및 농산물의 안정적 생산·공급기반 구축

사업대상자 : 철골(유리, 경질판) 및 자동화 비닐 온실을 신·개축하

여 채소 · 화훼류를 재배 · 수출하는 농업인 · 농업법인 · 생산자단체

지원사항

1) 스마트팜 온실신축 및 개축(내부 시설 · 장비 포함)

2) 국고 20%, 지방비 30%, 융자(이차 보전)30%, 자부담 20%

사업신청 : 사업예정지 관할 시 · 군에 지원 가능 여부를 협의한 후 사업신청서, 사업계획서를 작성하여 시 · 군에 제출

☑ 교육분야

농업마이스터 대학

목적 : 현장 중심의 실습형 기술 · 경영교육을 통해 고급 기술, 지식 및 경영 능력을 갖춘 지역농업의 핵심 리더 육성

교육대상

1) 농업마이스터 과정 : 해당 전공 과정의 품목을 5년 이상 재배 · 사육한 경력이 있는 중상급 이상 기술을 보유한 농업인

2) 청년농업CEO 과정 : 40세 미만인 창업 초기단계의 청년농업인

교육일정

1) 농업마이스터 과정 : 2년 4학기 32학점(전공과목 26학점 이상 필수)

2) 청년농업CEO 과정 : 1년 2학기 12학점 이상(180시간 이상)

교육비 : 연 50만원

문의 및 신청 : 각 시도 농업마이스터대학 및 농업교육포털 홈페이지

교육혜택 : 교육비 지원(국고 70%) / 농식품부 지원사업 신청 시 귀

농 · 영농 교육시간 인정

수료혜택 : '청년농 영농정착지원사업' 지원 대상 선정 시 2점 가점
/ '귀농 농업창업 및 주택구입 지원사업' 자금 융자 심사 시 5점 가점

문의 및 신청 : 귀농귀촌 종합상담 ☎ 1899-9097

농협청년농부사관학교

목적 : 고품질 교육을 통한 안정적인 농촌 정착 및 자생력을 갖춘 청
년 농업인 육성

교육대상 : 만 39세 이하 귀농 예정 청년

교육일정 : 약 24주

교육장소 : 농협창업농지원센터 (경기도 안성)

교육비 : 100만원

교육내용 : 기초교육 및 스마트팜 이론 · 실습, 농장 현장 인턴 실습,
비즈니스 플랜 등 3개 분야

수료혜택 : 정부 인정 귀농교육 시간 반영, '청년후계농' 선정 가점
부여, 농업용기계(드론, 굴삭기 등) 국가자격증 취득지원, 영농정착
을 위한 맞춤형 컨설팅, 판로지원, 교육수료생 전원 테블릿PC 지급
및 우수교육생 장학금 지급

문의 및 신청 : www.nhparan.com

첨단기술공동실습장

목적 : 디지털 기술로 농업 생산성 증대 및 예비농업인 정착 지원

교육대상 : 농업인(청년농업인 포함), 예비농업인(농고, 농대 등), 농고교사(인솔교사 포함), 취약계층

신청방법 : 농업교육포털 내 개설된 과정 수강신청 혹은 실습장 직접 문의

청년귀농 장기교육

목적 : 영농 경험이 부족한 청년층의 안정적인 농업·농촌 정착지원을 위해 실습 중심의 장기 체류형 교육과정 운영을 통한 역량강화 지원

교육대상 : 만 40세 미만 귀농 희망 청년

교육일정 및 시간 : 6개월 이내 / 총 450~1,000시간(교육기관별 상이)

교육장소 : 전국 13개 교육기관

교육비 : 교육기관별 상이(교육기관 문의)

교육내용 : 청년층이 성공적인 창농에 필요한 역량과 경험을 실제 복합농업 활동과 농촌 생활을 통해 직접 학습할 수 있도록 교육기관별 특색 있는 교육 구성

교육혜택 : 교육비 지원(국고 70%) / 농식품부 지원사업 신청 시 귀농·영농 교육시간 인정

수료혜택 : '청년농 영농정착지원사업' 지원 대상 선정 시 2점 가점 / '귀농 농업창업 및 주택구입 지원사업' 자금 융자 심사 시 5점 가점

문의 및 신청 : 귀농귀촌 종합상담 ☎ 1899-9097

스마트팜 청년창업 보육센터

목적 : 스마트팜 영농지식과 경험이 없는 청년도 실습 중심의 장기 교육(총 20개월)을 통해 스마트팜 영농기술을 습득함으로써 취·창업 역량을 강화하도록 지원

선발대상 : 전공에 관계없이 스마트팜 영농기술을 배우고자 희망하는 청년

- 사업시행년도 1월 1일 기준(만 18세 이상~만 39세 이하)
- 재학생 또는 취업자라도 20개월 교육과정 의무교육시간 이수 가능자는 신청 가능

교육기간 : 20개월

교육기관 : 상주시 스마트밸리운영과(상주), 경상남도 농업자원관리원(밀양), 전라북도 농식품인력개발원(김제), 전라남도 순천대학교 (고흥)

교육기관별 주요 품목(지원서 제출 시 아래 품목 중 1, 2, 3순위까지 선택 가능)

- **경상북도** : 딸기, 토마토, 멜론, 오이
- **경상남도** : 딸기, 토마토, 파프리카
- **전라북도** : 딸기, 오이, 엽채류, 가지, 아스파라거스

* 시설원예 품목(토마토, 파프리카, 고추) 교육 가능

- **전라남도** : 딸기, 토마토, 멜론, 만감류

* 주요 품목 외 스마트팜 시설원예 분야의 기본교육은 전 교육기관에서 실시 예정

* 만감류는 재배 특성상 5년생부터 수확이 가능하여 교육 수료 후 임대형팜 입주가 불가하며, 창업(자가 영농 포함) 및 취업 형태를 권장

교육비 : 무료(국비지원)

교육내용 : 스마트팜 청년창업을 위한 ① 입문교육 ② 교육형 실습 ③ 경영형 실습 등 단계별 교육과정 운영(20개월)

1) 입문교육(2개월, 180시간 이상) : 스마트팜 농업기초(경영관리 · 시설관리 · 작물생리, 품목재배), 스마트팜 관련 정보통신기술 및 데이터 분석 교육 등

* 첨단기술(ICT, IoT 등) 및 데이터 분야(AI, 빅데이터 등) 외부 전문 교육기관과 연계한 특강 심화과정 운영

2) 교육형 실습(6개월, 480시간 이상) : 보육센터 실습온실과 스마트팜 선도농가 온실 등을 활용한 현장실습으로 경험축적 및 벤치마킹 등

3) 경영형 실습(12개월, 960시간 이상) : 교육생 책임하에 영농경영을 경험해 볼 수 있도록 경영실습 온실 제공, 영농 전 주기별 실습 교육 진행

* 커리큘럼 개선을 위해 교육내용에 대해서는 일부 조정될 수 있음

* 교육생 의무사항(교육 이수시간, 출석률, 과제 제출 등) 위반 시 퇴교 조치될 수 있으며 교육 중도 포기 시에는 향후 교육 재참여 불가 등의 제재 사항 있음

교육혜택

1) 교육 수강료 국비지원(무료)

* 단, 경영형 실습 중 지자체와 임대계약 후 경영형 실습을 하기 원하는 교육생은 공공요금 등 투입비 자부담 및 수확물 교육생 소유

2) 교육기간(약 1년 8개월, 교육 당일) 동안 숙식 지원

* 교육기관에 따라 지원 방식 상이(숙박시설 및 식사 직접 제공 또

는 월 최대 70만 원 실습실비 지급 등)하므로 확인 필요함

3) 국내 · 외 우수 현장 전문가의 영농 기술지도 및 컨설팅 지원

수료혜택

1) '수행실적 우수자' 대상 스마트팜 혁신밸리 내 임대형 스마트팜 입주 우선권 부여(최대 3년)

2) 청년농업인 스마트팜 종합자금 대출 신청자격 부여

3) 청년후계농 선발 시 가점 부여

4) 후계농업경영인 선발인원 배정(100명)

* 자금 신청 자격을 부여하는 것으로 대출 심사(자부담 등) 결과에 따라 대출이 안될 수 있음

5) 농림수산업자신용보증기금(농신보) 보증비율 우대

기타 문의사항

구분	연락처
스마트팜 콜센터	☎ 1522-2911(www.smartfarmkorea.net)
경북 상주시 (스마트밸리 운영과)	☎ 054-537-8837(8838)
경남 농업자원관리원 (스마트팜기획TF팀)	☎ 055-254-4753(4754)
전북 농식품인력개발원	☎ 063-290-6434(6436)
전남 식량원예과	☎ 061-286-6492 061-758-3261(순천대학교)
농림수산식품교육문화정보원 (스마트팜확산팀)	☎ 044-861-8804(8765, 8767)

신규농업인 현장실습교육

목적 : 농촌지역에 이주한 신규농업인 및 청년농업인 등에게 영농기술 및 품질관리, 경영·마케팅, 창업 등에 필요한 단계별 실습교육(체험 등)을 통하여 안정적인 영농 연착륙이 가능하도록 유도함으로써 농어촌 활력증진에 기여

지원대상(자격요건)

【연수생】

- 농식품부 2022년도 「청년후계농(청년창업형 후계농) 선발 및 영농정착 지원사업」 신청자
- 농촌이주 5년 이내 귀농인
- 만 40세 미만 청장년층 예비 귀농인(귀농 교육 35시간 이수)
- 농업경영체 등록 5년 이내 신규농업인

【선도농가】

- 농업기술원장 또는 농업기술센터소장이 추천한 관내 신지식농업인, 전문농 및 창업농업경영인, ICT(정보통신기술) 활용 농가·우수농업법인, 농식품부 지정 현장실습교육장(WPL), 농업명인, 농업마이스터 등으로 다음의 요건을 충족한 농업경영체

지원조건

【연수생】

연수생에게 교육훈련비 지원(월 80만 원 한도, 3~5개월, 월 160시간). 단, 매월 10일(1일 8시간) 이상 연수자에 한하여 교육훈련비를 지원하며, 훈련비는 연수 시간을 계산하여 지급

※ 1일 지급단가 산정기준(8시간 기준) : 4만 원(식비, 교통비 등)

【선도농가】

귀농연수생의 연수기간 동안 교수 수당 지원(연수생 1인당 월 40만원 한도, 3~7개월) / 교수 수당은 연수 시간을 계산하여 지급

문의 및 신청 : 관내 농업기술센터

현장실습교육(WPL)

목적 : 영농현장에 바로 적용할 수 있는 품목·대상별 특성을 반영한 실습중심의 맞춤형 현장실습교육 운영

선도농업인의 품목기술 노하우 전수를 통해 청년농업인과 농업인의 선진 영농기술 습득 및 소득증대, 영농 취·창업 역량 강화

지원대상(자격요건)

- 농업인
  - 귀농예정자 교육 불가
- 청년농업인 : 사업 시행연도 기준 만 18세 이상~만 40세 미만 농업인
- 농업계 학생(농고·농대), 농고 교사

신청방법

- 현장실습교육장에 직접 신청
- 농업교육포털(www.agriedu.net)

귀농닥터

목적 : 귀농귀촌 희망자에게 귀농에 필요한 사전 지식·정보 전달 및 진입단계 애로사항(문제점)을 해결하여 안정적인 귀농귀촌 정착 지원

지원대상(자격요건)

- **귀농닥터(멘토)** : 농식품부 지정 WPL현장지도교수, 신지식농업인, 농업 마이스터, 지자체에서 추천한 선도농업인, 10년 이내 귀농귀촌한 자
- **교육생(멘티)** : 귀농귀촌 준비단계인 희망도시민 또는 초기 정착에 애로사항을 겪는 농촌거주 1년 미만(전입일 기준)인 자
- **귀농닥터(멘토)** : 멘토링 회당 10만 원 지급(연간 최대 20회)
- **교육생(멘티)** : 1인당 최대 8회 신청 가능(무료)

지원내용

- 귀농닥터(멘토)가 보유한 해당품목 영농기술 및 경영노하우 등 현업에 적용 가능한 내용 중심의 상담
- 귀농닥터(멘토)가 귀농인(멘티)에게 농촌정착에 필요하다고 판단되는 내용의 상담 및 컨설팅 지도
- 귀농닥터 멘티가 초기 농촌지역 정착단계에 필요한 애로사항 및 문제점을 해결할 수 있도록 방법 제시 및 지원

신청기간 : 1~11월 중

신청방법 : 귀농귀촌종합센터 홈페이지(www.returnfarm.com)

농업교육포털

목적 : 농업교육포털은 정부에서 공식적으로 운영하는 농·축산 등의 교육을 제공하는 교육 사이트

홈페이지 : www.agriedu.net

농어촌희망재단

목적 : 농어촌, 농어업의 발전을 위해 농업인의 복지사업 및 농어업인 자녀의 장학사업, 농어촌 문화사업 등을 지원함으로써 농어촌 사회의 인재양성과 삶의 질 향상에 기여함을 목적으로 함

1. 청년후계농육성 장학금

목적 : 농업농촌 농산업 분야에 신규 청년인력을 유입하기 위하여 대학 졸업 후, 영농 및 농림축산식품 분야에 취·창업을 조건으로 장학금을 지원함

신청시기 : 연초

지원대상 : 대한민국 국적자로서 3학년 이상 재학 중인(전문대는 1학년 2학기 이상, 전공심화과정 포함) 학생으로, 사업 시행년도 기준 만 40세 미만인 자

신청자격요건 : 직전 학기 기준 12학점 이상 이수

성적 : 70점 이상 (*대학 학칙에 따라 산출한 백분위 점수)

지원내용 : 등록금＋학업장려금 250만 원

2. 농식품인재 장학금

목적 : 미래 농업사회를 이끌어갈 젊고 우수한 영농후계인력을 확보하고, 농식품 산업분야의 전문인력을 육성하고자 장학금을 지원함

신청기간 : 연말~연초

지원대상 : 농업계 대학 농림축산식품계열학과(일반대) 1학년 2학기~2학년 2학기 재학생(전문대 제외)

신청자격요건 : 직전 학기 기준 12학점 이상 이수

성적 : 80점 이상 (*대학 학칙에 따라 산출한 백분위 점수)

지원내용 : 250만 원 범위 내에서 등록금 전액 지원

* 2020년 2학기 이전부터 본 장학금을 계속 받은 장학생은 250만 원 정액 지원

문의 및 신청 : www.rhof.or.kr

농식품 벤처육성 지원사업

모집대상 : 농식품 및 농산업 기술 분야 창업기업으로 공고 모집마감일 기준 5년 이내 창업기업(자)

지원분야 : 농업(식품, 농기계, 축산 및 원예분야 포함) 분야 창업사업화 모델 / 미래 농업·농촌의 혁신성장을 이끌 바이오·디지털 등 첨단기술과 융합된 사업화 모델

신청자격 : 농산업 내지 농식품 분야 사업 영위 중이며, 공고 모집마감일 기준 5년 이내 창업기업

모집기간 : 연초

신청방법 : 농식품창업정보망(www.a-startups.or.kr) 내지 우편접수 중 택일

농식품 창업 콘테스트

목적 : 농산업·식품 분야를 선도할 기술 기반 창업자를 발굴하고, 벤처창업의 등용문으로 활용하여 창업 붐 조성

참가대상 : 창업 7년 이내 창업자(팀), 예비창업자 포함

접수처 : 농식품 창업 콘테스트 홈페이지(www.a-challenge.kr)

시상규모 : 대상 5,000만 원(대통령) 외 다수

농식품 벤처창업 인턴제

목적 : 농·식품 기업의 인턴 실습을 통해 예비창업자의 경영, 마케팅 등 현장 실무지식 습득 및 성공창업 지원

지원규모 : 참여인턴 50명(참여기업 50개사 이내)

신청 자격

1) 기업요건(아래의 요건을 모두 충족해야 함)

- 상시근로자 3인 이상(신청일 기준) 및 매출액 1억 원 이상(전년도 또는 공고일 기준 1년 전)의 농·식품 분야 기업
- 유망 청년 창업자의 성공적인 창업활동 지원을 위해, 현장 인턴 기회 제공이 가능한 농·식품 분야 기업

2) 인턴요건(아래의 요건을 모두 충족해야 함)

- 농·식품 분야 창업 아이템을 보유 또는 발굴 의지를 지닌 만 19세 이상 39세 이하의 예비창업자 및 팀(최대 3인)
- 인턴 기간(2~3개월) 동안 현장실습 경험이 가능한 자

지원내용

- (인턴십 지원) 2~3개월 이내(주 40시간 기준) 인턴 기회 지원
- 주당 실습시간 및 세부적인 내용(실습장소, 휴일 등)은 최종 매칭이 완료된 인턴과 기업이 협의하여 확정

지원금 지급 : 실습기간 동안 참여인턴은 월 115만 원(인턴활동비), 참여기업은 월 40만 원(멘토링비) 지원

예비창업패키지

목적 : 혁신적인 기술창업 아이디어를 보유한 예비창업자의 성공창업 및 사업화 지원을 통한 양질의 일자리 창출

지원대상 : 예비창업자

지원내용 : 사업화 자금(최대 1억 원, 평균 5천만 원), 창업교육 및 멘토링

신청방법 : K-Startup(www.k-startup.go.kr)을 통한 온라인 신청

청년창업사관학교

목적 : 우수한 창업아이템 및 혁신기술을 보유한 초기창업자를 발굴하여 창업 전단계를 패키지 방식으로 일괄 지원하여 성공창업 기업 육성

지원대상 : 만 39세 이하인 자로서, 창업 후 3년 이내 창업기업의 대표자

지원내용 : 최대 1억원 이내 (총 사업비의 70% 이하)

신청방법 : K-Startup(www.k-startup.go.kr)을 통한 온라인 신청

로컬크리에이터

목적 : 지역의 자원과 문화 특성을 소재로 혁신적인 아이디어를 결합해 사업적 가치를 창출하는 로컬크리에이터(지역가치 창업가) 발굴 및 육성

지원내용

1) 예비창업트랙

- 대상 : 사업공고일까지 창업경험(업종 무관)이 없거나 공고일 현재 신청자 명의의 사업체를 보유하고 있지 않은 예비창업자
- 내용 : 사업화 자금 최대 1천만 원

2) 기창업트랙

- 대상 : 모집공고일 기준 사업을 개시한 날부터 7년이 지나지 아니한 자
- 내용 : 사업화 자금 최대 3천만 원

신청방법 : K-Startup(www.k-startup.go.kr)을 통한 온라인 신청

K-스타트업 부처 통합 창업경진대회

목적 : (예비)창업자를 대상으로 범부처 창업경진대회를 개최하여 유망한 창업 아이템을 발굴하고, 우수 아이템을 포상하여 창업 분위기 확산

참가 자격 : 도전! K-스타트업 2023의 공통 참가 자격과 참여하고자 하는 예선리그의 참가 자격을 모두 준수해야 함

대회 운영 방식

- 각 부처가 운영하는 예선리그를 거쳐 우수 창업아이템을 보유한 창업자 선발 후 통합 본선 진출팀을 추천

- 본선 진출팀 중 창업 여부(통합 공고일 기준)에 따라 창업리그 · 예비창업리그로 구분, 본선 · 왕중왕전 평가를 통해 최종 수상자 선정

최종 수상자(팀) 혜택 : 상금 최대 3억 원, 대통령상 등 상장 수여

예선리그별 문의

예선리그	대회명	문의처
혁신창업리그	일반리그	• 서울창조경제혁신센터 : 02-739-7263
	클럽리그	• 창업진흥원 : 044-410-1812
학생리그	2023 학생 창업유망팀 300	• 한국청년기업가정신재단 : 02-2156-2365, 2295
연구자리그	과학기술 창업경진대회	• 과학기술사업화진흥원 : 02-736-9822
국방리그	2023 국방 Startup 챌린지	• 국방전직교육원 : 031-760-9347
관광리그	제14회 관광벤처사업공모전	• 한국관광공사 : 02-729-9438
	2023 관광 액셀러레이팅 프로그램	• 한국관광공사 관광기업육성팀 : 02-729-9553
환경리그	2022 환경창업대전 (Eco+ Start-Up Challenge 2022)	• 한국환경산업기술원 : 032-540-2133
여성리그	제24회 여성창업경진대회	• (재)여성기업종합지원센터 : 02-369-0943
부동산신산업리그	2023년 부동산서비스산업 창업경진대회	• 한국부동산원 : 053-663-8784

국방기술리그	국방과학기술을 활용한 창업경진대회	• 국방과학연구소 : 042-821-2387
지식재산리그	지식재산 스타트업 경진대회	• 한국발명진흥회 : 02-3459-2928
산림리그	제4회 산림분야 청년창업 경진대회	• 산림청 산림일자리창업팀 : 042-481-1853

생애최초 청년창업 지원사업

목적 : 생애최초로 창업에 도전하는 만 29세 이하 청년 예비창업자들의 창업 성공률 제고를 위한 자금, 교육, 멘토링 등 창업지원

지원대상 : 생애처음 기술창업분야에 도전하는 만 29세 이하 예비창업자

신청방법 : K-Startup(www.k-startup.go.kr)을 통한 온라인 신청

혁신창업스쿨 및 딥테크스쿨

목적 : (예비)창업자 대상 기술 아이디어를 빠르게 구현할 수 있도록 창업 기본교육, 맞춤형 멘토링, 시제품 제작 및 시장검증 등을 지원하여 준비된 창업자 양성

지원대상 : (예비)창업자

지원규모 : 2140명 내외 지원(혁신창업교육 2100명, 딥테크스쿨 40명)

지원내용 : 온·오프라인 창업교육 및 멘토링, 최소요건제품 제작 등 (교육비 무료)

1) 혁신창업스쿨 : 비즈니스 모델 구체화 및 사업계획 수립 지원을

위한 창업기본 교육 및 실습교육 지원 (2단계 선정자 대상 교육비 500만원 지원)

2) 딥테크스쿨 : 미래첨단 기술과 인문학 이해를 바탕으로 창의적 아이디어를 공유·발굴하고 실현 가능한 모델로 발전하도록 창업교육, 토론식 수업, 모의 경영체험 지원

신청방법 : K-Startup(www.k-startup.go.kr)을 통한 온라인 신청

사회적 기업가 육성사업

목적 : 혁신·창의적인 아이디어로 사회적 가치를 추구하는 팀을 선별하여 사회적 목적 실현부터 사업화까지 창업의 전 과정 지원

지원내용 : 창업자금, 창업공간, 멘토링, 교육 및 사후관리 지원 (예비창업자 700만원 일괄지급 / 초기창업자 1500~5000만원 차등 지급)

지원대상 : 사회적기업 창업에 관심이 있는 예비창업팀(법인·개인 사업자 미창업자), 사회문제 해결 아이디어를 바탕으로 사회적기업을 창업하고자 하는 팀(대표 포함 3인 이상으로 구성 필수)

신청방법 : 사회적기업 통합정보시스템(http://www.seis.or.kr)을 통한 온라인 신청 (초기창업자의 경우 온라인 및 오프라인 신청 가능)

공모전

공모전 대외활동 – 위비티(www.wevity.com)

대한민국 대표 공모전 미디어 – 씽굿(www.thinkcontest.com)

대한민국 No.1 공모전 브랜드 – 대티즌(www.detizen.com)

국민신문고(www.epeople.go.kr)

☑ 영농창업 단계 지자체 신고 목록 - (가설건축물 기준)

성토 : 비산먼지 발생사업 등(변경) 신고

지하수개발 : 지하수개발 이용신고

임시가설물(비닐하우스, 농막 등) : 가설건축물 축조신고

정화조 : 오수처리시설 설치 신고

신고방법 : 관할구역 행정기관 방문 및 정부24(www.gov.kr)

[정부 24 홈페이지 - 가설건축물 축조신고]

☑ 농지대장 및 경영체 등록 방법

농지대장(구 농지원부) 신청 및 교부

기존 1,000㎡ 이상에서만 적용되던 농지원부 작성 의무가 농지로 확대되고, 그 명칭도 농지원부 대신 농지대장으로 변경되어 농지 임대차 등 이용 현황 신고가 의무사항임

신고방법 : 관할구역 행정기관 방문 및 정부24(www.gov.kr)

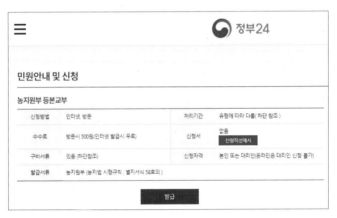

[정부 24 홈페이지 – 농지원부 등본교부]

농업경영체 등록

농업경영체 등록은 농가 규모별·유형별 맞춤형 농정 추진과 정책 자금의 중복 및 부당지급 최소화 등 효율성을 제고하는 데 목적이 있다.

신고방법 : 관할구역 국립농산물품질관리원지원/국립농산물품질관리원 사무소 접수 및 농업경영체등록 온라인 서비스(uni.agrix.go.kr)

민원인이 제출해야 하는 서류

- 재배업 : 농업경영체등록신청서(농업인용)와 증빙자료
  *자경농지 – 경작사실확인서 – 농자재 구매영수증 또는 농산물 판매영수증
  *임차농지 – 임대차계약서 등 무단점유가 아님을 증명하는 서류 – 농자재 구매영수증 또는 농산물 판매영수증
- 축산업 : 농업경영체등록신청서(농업인용), 축산업허가증(등록증), 기타 증빙자료
  *공통 : 사료 구매 영수증, 출하증명서, 가축입식 증명서 중 택1
  *가축-자영 : 입식 증명서류
  *가축-수탁 : 수탁계약서
  *시설-임차 : 축사 및 농지 임대차계약서 등 무단점유가 아님을 증명하는 서류
- 곤충사육업 : 농업경영체 등록신청서(농업인용)와 증빙자료
  *공통 : 곤충사육 신고확인증

*임차 : 토지와 가축사육시설의 임대차계약서 등 무단점유가 아
님을 증명하는 서류

[애그릭스 - 농업경영체 등록 온라인 서비스]

대기업 퇴사하고 농사를 짓습니다

개 정 1 판 1 쇄	2024년 03월 18일(인쇄 2024년 03월 04일)
초 판 발 행	2022년 07월 25일(인쇄 2022년 06월 30일)
발 행 인	박영일
책 임 편 집	이해욱
저 자	안해성, 이종혁
편 집 진 행	박유진
표 지 디 자 인	김지수
편 집 디 자 인	김지현
발 행 처	시대인
공 급 처	(주)시대고시기획
출 판 등 록	제 10-1521호
주 소	서울시 마포구 큰우물로 75 [도화동 538 성지 B/D] 6F
전 화	1600-3600
홈 페 이 지	www.sdedu.co.kr

I S B N	979-11-383-6848-3(13520)
정 가	15,000원

시대인은 종합교육그룹 (주)시대고시기획 · 시대교육의 단행본 브랜드입니다.